绿色发展理念下资源环境承载力评价与系统分析

——以京津冀地区为例

王大本 王峰 著

河北省2019年社科基金项目
『基于绿色发展理念的京津冀地区资源环境承载力评价与系统分析』（项目批准号：HB19JL013）成果

四川大学出版社
SICHUAN UNIVERSITY PRESS

图书在版编目（CIP）数据

绿色发展理念下资源环境承载力评价与系统分析 ：以京津冀地区为例 / 王大本，王峰著. -- 成都 : 四川大学出版社，2024. 10. -- ISBN 978-7-5690-7277-8

Ⅰ. X372.2

中国国家版本馆 CIP 数据核字第 2024S33B91 号

书　　名：绿色发展理念下资源环境承载力评价与系统分析——以京津冀地区为例

Lüse Fazhan Linian xia Ziyuan Huanjing Chengzaili Pingjia yu Xitong Fenxi——Yi Jing-Jin-Ji Diqu Weili

著　　者：王大本　王　峰

选题策划：张建全　庄　溢

责任编辑：庄　溢

责任校对：刘一畅

装帧设计：墨创文化

责任印制：王　炜

出版发行：四川大学出版社有限责任公司

地址：成都市一环路南一段 24 号（610065）

电话：（028）85408311（发行部）、85400276（总编室）

电子邮箱：scupress@vip.163.com

网址：https://press.scu.edu.cn

印前制作：四川胜翔数码印务设计有限公司

印刷装订：四川省平轩印务有限公司

成品尺寸：170mm×240mm

印　　张：12.25

字　　数：212 千字

版　　次：2024 年 10 月 第 1 版

印　　次：2024 年 10 月 第 1 次印刷

定　　价：78.00 元

扫码获取数字资源

四川大学出版社
微信公众号

前　言

长期以来，为科学准确评价资源消耗、环境污染对经济社会发展的约束程度，科学合理规划经济社会发展规模，学者们围绕各类资源、环境承载力开展了大量研究。随着资源环境与经济社会之间的互动越来越密切，学者们对资源环境承载力相关问题的研究也由基于资源环境自然属性的单要素评价，发展到基于社会属性的对经济社会发展规模支撑度评价，再到基于系统属性的资源环境与经济社会发展互动关系评价。国家在提出“五位一体”总体布局的基础上，于2017年印发了《关于建立资源环境承载能力监测预警长效机制的若干意见》，引导和约束各地严格按照资源环境承载力谋划经济社会发展。资源环境承载力评价已经成为区域资源开发利用、经济发展战略决策、区域发展规划制定的重要依据。深入探究资源环境承载力的内涵实质，进行更加科学、系统的评价成为理论界乃至全社会普遍关注的热点问题。

党的十八大以来，以习近平同志为核心的党中央站在国家发展全局的高度，做出了推进京津冀协同发展的重大决策。2023年5月12日，习近平总书记在河北考察并主持召开深入推进京津冀协同发展座谈会，并于会上特别强调要在推进全面绿色转型中实现新突破。绿色发展理念作为顺应时代发展要求、直面现阶段各种严峻挑战的积极回应，从关注人与资源的关系角度出发，为如何协同推动经济社会高质量发展与资源环境高水平保护提供理论支撑。加快推进京津冀地区绿色发展对协同发展中的京津冀而言是必然要求，需要从新时代下的生态文明建设内涵和绿色发展理念视角，研究区域绿色发展的理论机理，掌握一整套评价区域绿色发展成效水平的指标体系和评价方法，进而在全面跟踪分析京津冀地区绿色发展建设水平基础上，探寻京津冀地区绿色发展实现路径和保障机制，为努力推进京津冀地区生态环境与经济社会的一体化发展提供对策建议。

为此，本书选择京津冀地区作为研究对象，深入分析了绿色发展理念相关内容，基于“物理（Wuli）—事理（Shili）—人理（Renli）”（以下简称WSR）系统方法论的社会动力学模型，着重从资源环境、科技管理、社会需求三个方面探究了资源环境承载力要素间的互动关系和运行机理，构建了基于绿色发展理念WSR系统方法论的资源环境承载力“三螺旋耦合”理论模型，阐明了模型的特征、演化阶段和评价方法等。同时，本书还针对京津冀地区资源环境现状和特点，建立了评价指标体系，构建了“熵值—耦合协调—灰色关联”方法组合对京津冀地区资源环境承载力的综合水平、指标影响程度、耦合协调水平，以及要素间关联水平进行综合评价分析，并分别从资源环境、科技管理、社会需求三个方面对京津冀地区资源环境承载力水平提升提出对策建议，寻求资源环境与经济社会协调有序的“满意解”，旨在提升京津冀地区资源环境承载力水平，为合理规划区域经济社会发展规模和强度提供理论和实践依据。

著者

2024年7月

目　　录

第一章
DIYIZHANG

绪　论

绿色发展理念下资源环境承载力评价与系统分析

——以京津冀地区为例

第一章 绪 论

一、研究背景及意义

（一）研究背景

资源和环境是人类发展的基础，承载着人类一切经济社会活动。长期以来，随着社会生产力水平的不断提高，人类创造了大量的社会财富。一方面，经济社会快速发展；另一方面，超负荷的经济社会活动为资源环境带来了相当大的压力。面对资源的紧缺、环境的约束，人们认识到：人口经济增长、资源环境的开发利用都存在极限，超过这一极限将产生资源短缺、环境污染等一系列问题，进而导致社会经济健康发展难以持续。①

面对资源的过度消耗、环境污染等问题，国际社会开展了一系列环境保护运动，如1970年4月举行的美国“世界地球日”游行活动、1972年联合国于斯德哥尔摩召开的人类环境会议。同时，以绿色和平组织、地球之友、国际鹤类基金会、世界自然基金会等为代表的一大批倡导环境保护的非政府组织迅速成长。但是，环境不断恶化的现实依然没有得到根本性转变，全球变暖、海平面上升、森林消失、土壤沙化、湿地退化、物种灭绝、水土流失等大规模生态危机在全球依然不断涌现。人们不得不重新审视传统的发展模式对资源环境以及人类社会带来的空前挑战。为此，2008年10月，联合国环境规划署提出了“全球绿色新政”和“发展绿色经济”的倡议；2011年联合国环境规划署发布《迈向绿色经济——实现可持续发展和消除贫困的各种途径》指导报告，世界各国陆续启动绿色新政及绿色经济计划。当前，绿色发展已成为时代潮流，正如习近平总书记在2010年博鳌亚洲论坛开幕式

---

① 樊杰，周侃，王亚飞. 全国资源环境承载能力预警（2016版）的基点和技术方法进展 [J]. 地理科学进展，2017（03）：266－276.

上所说："绿色发展和可持续发展是当今世界的时代潮流。为了实现亚洲和世界的绿色发展和可持续发展，为了使人类赖以生存的大气、淡水、海洋、土地和森林等资源环境得到永续发展，我们亚洲各国应该统筹经济增长、社会发展、环境保护。"① 虽然我国的工业化进程晚于西方国家，但也未能躲避大规模工业化以及全球性生态危机对我国经济社会发展带来的冲击。过去采取的粗放型经济发展方式，导致我国长期以来累积的生态环境问题和新生的环境问题不断叠加。习近平总书记在党的二十大报告中指出："推动绿色发展，促进人与自然和谐共生。大自然是人类赖以生存发展的基本条件。尊重自然、顺应自然、保护自然，是全面建设社会主义现代化国家的内在要求。必须牢固树立和践行绿水青山就是金山银山的理念，站在人与自然和谐共生的高度谋划发展。"② 随着我国经济社会发展进入新常态，国内经济面临着以产能过剩、创新能力不足、财政金融风险增加等为代表的严峻挑战，人们不断寻找新的经济增长点，探索新的发展战略，来代替曾经的粗放型经济发展模式。绿色发展便成了摆脱传统经济社会发展方式所带来的各种弊端、实现中华民族永续发展的重要途径。2015 年 10 月，在北京召开的党的十八届五中全会首次正式提出"创新、协调、绿色、开放、共享"五大发展理念，以保障实现全面建成小康社会的目标。2016 年 3 月，十二届全国人大四次会议审议通过了"十三五"规划，绿色发展理念正式成为党和国家的执政理念，给中国发展全局带来了一场深刻的变革。绿色发展理念是顺应时代发展要求，直面现阶段各种严峻挑战的积极回应，是推动经济发展方式转变的理论支撑。绿色发展理念的形成是循序渐进的过程，党中央、国务院先后下发了《大气污染防治行动计划》《水污染防治行动计划》《土壤污染防治行动计划》，从国家制度层面采取更加严格的管理措施，切实加强对资源环境的保护和管理。

与此同时，对于绿色发展理念的研究不能只停留在理论层面，需要进一步过渡到实际操作层面，而在实际操作前需要对当前的经济社会与资源环境

---

① 中国政府网. 习近平：携手推进亚洲绿色发展和可持续发展[EB/OL]. https://www.gov.cn/ldhd/2010-04/10/content_1577863.htm.

② 习近平. 高举中国特色社会主义伟大旗帜 为全面建设社会主义现代化国家而团结奋斗——在中国共产党第二十次全国代表大会上的报告［M］. 北京：人民出版社，2022：49-50.

之间的状况水平进行评价，也可以看作全方位的“体检”。从实践层面上看，为更好地研究并解决人类活动与资源环境之间的关系问题，近年来，资源环境承载力评价及资源环境和经济的协调分析已成为区域资源开发利用与经济发展战略决策及其规划的基础依据。通过对资源环境承载力水平进行更加科学有效的评价，可以进一步实现资源环境承载能力监测预警规范化、常态化、制度化建设，有效规范空间开发秩序，合理控制空间开发强度，不断引导和约束各地严格按照资源环境承载力谋划经济社会发展，逐步构建高效协调可持续的国土空间开发格局。这也成为实现资源环境与经济社会可持续发展，全面贯彻落实“五位一体”总布局，贯彻落实绿色发展理念的基础性工作。2017 年，党中央、国务院紧紧围绕统筹推进“五位一体”总体布局和协调推进“四个全面”战略布局，为切实将各类开发活动限制在资源环境承载能力之内，印发了《关于建立资源环境承载能力监测预警长效机制的若干意见》。资源环境承载力研究是与人类经济社会发展密切相关的基础性研究，其内容横跨了资源、环境、经济、社会、人口等众多领域，涉及生态学、经济学、管理学、人口学等相关理论和研究方法。如何在绿色发展理念指导下对资源环境承载力水平进行科学、有效的评价，实现资源环境与经济社会发展相协调，便成为当下研究的热门话题，以及国内外学者争先关注的焦点。但是长期以来，由于对资源环境承载力的认知并未统一，将资源环境要素与社会经济要素挂钩，探索二者相互作用以及驱动机制方面的成果较为薄弱；综合考虑要素的流动性，对资源环境承载力多要素综合评价模型研究有待深化[①]；对资源环境承载力内部各要素的系统集成性和动态性的整体把握不到位；评价方法和结果存在差异；对策建议要么较为笼统、缺乏系统性，要么结果较为抽象，具体政策意义不清晰，可操作性不强。这些都在很大程度上影响了将资源环境承载力作为科学决策依据的应用价值。为此，当前对于资源环境承载力问题研究的主要思路是要通过加强理论研究、细化其差异性分布特征、完善资源环境承载力评价体系，建立一套能反映资源环境问题本质、科学上有依据、技术上可行的新理论、新方法。[②]

① 高湘昀，安海忠，刘红红. 我国资源环境承载力的研究评述［J］. 资源与产业，2012（06）：116－120.

② 谢高地，曹淑艳，鲁春霞，等. 中国生态资源承载力研究［M］. 北京：科学出版社，2011.

另外，作为资源环境承载力研究的一项重要内容——区域资源环境承载力研究主要是围绕区域资源环境系统限制下的生态系统对人类及社会经济发展的承载力状态及其动态而开展，包括区域资源环境系统约束下的生态系统对人类及社会经济发展的承载力，区域自然环境和人为活动变化对生态系统影响或环境胁迫，以及生态系统对自然和人文环境变化胁迫的承载力。[①] 因此，区域资源环境承载力研究对于解决资源环境承载力压力问题具有较强的现实意义，特别是对于京津冀这类地区。京津冀地区一方面资源匮乏，环境条件较脆弱；另一方面，经济社会发展的压力较大。随着经济社会发展规模水平日益扩大，资源环境与经济社会发展之间的矛盾不断激化，再加上京津冀地区高污染、高耗能的产业结构，对水资源环境、土地资源环境、大气环境的消费需求提升，使得这三类主要资源环境的恶化程度较为明显，严重制约了京津冀地区经济社会发展和人民生活水平的提升。

在此背景下，建立一套在绿色发展理念指导下的资源环境承载力研究的理论和方法体系，将会对实现资源环境与人类社会和谐共生，加快区域经济社会发展产生十分重要的理论和现实意义。资源环境承载力的内涵和要素间的互动关系以及理论模型是什么，如何在绿色发展理论指导下对经济社会发展与资源环境之间的相互关系进行综合评价和系统分析，采用什么样的方法可以对资源环境承载力水平的科学性、系统性、动态性等进行综合评价、系统分析，以及如何基于系统分析提出对策建议等问题都将成为下一阶段需要深入研究的重要内容。

（二）研究意义

1. 理论意义

（1）有助于从生产力和生产关系视角丰富、完善绿色发展理论。

坚持绿色发展理念并不是简单地放弃工业文明，采用原始的生产生活方式，而是要建立在人与自然和谐相处的基础上，以自然规律为准则，以可持

---

① 于贵瑞，张雪梅，赵东升，等. 区域资源环境承载力科学概念及其生态学基础的讨论［J］. 应用生态学报，2022（03）：577－590.

续发展为目标，统筹处理好经济、社会、生态环境之间的关系，实现人与自然的和谐相处，进而形成绿色发展方式和生活方式。对于绿色发展理念相关问题的研究不能只停留在将其看作人类为了处理资源环境与经济社会发展关系而采取的“被动式”变革，而应当将其看作人类社会发展到生态文明阶段的必然的生产组织方式，并对其内在机理、运行状态进行分析，进而为运用绿色发展理念正确处理当前经济社会与资源环境之间的关系提供理论和方法论指导。

从本质上看，绿色发展理念是生态文明这一社会文明形态下的生产方式，强调了生产力推动经济社会发展过程中所呈现出的资源环境保护与经济社会发展之间的互动关系。为此，对于绿色发展理念的研究需要深入，人是如何运用现代的生产方式和组织形式对资源环境这些生产资料进行开发利用的，即需要立足于生产力与生产关系视角对“资源环境—组织管理—人”三者之间互动、演化形成的动态性、非线性、协调性、复杂性进行分析研究。通过对相关理论工具的研究发现，WSR 系统方法论的三个维度不仅与生产力三要素相对应，而且利用 WSR 系统方法论构建的理论模型可以很好地阐述绿色发展理念下资源环境与经济社会的互动关系和驱动机制。本书以 WSR 系统方法论为桥梁连通生产力生产关系与绿色发展理念，将 WSR 系统方法论引入绿色发展理念下的资源环境承载力研究领域，构建了理论模型和评价体系，进一步扩展了绿色发展理念的理论内涵。

（2）提出了一套适合绿色发展理念下对资源环境承载力进行评价的方法组合。

承载力概念是由机械工程领域引入资源环境领域的。20 世纪早期通过“生物种群数量增长上限”[①] 对资源环境承载力进行评价；20 世纪 60 年代对土地资源、水资源、矿产资源、能源等多个要素的承载力水平进行评价；20 世纪 80 年代中后期至今，资源环境承载力由以往单纯基于自然因素制约向综合考虑经济社会因素转变[②]，即通过引入科技进步、生活方式、社会制度、消费模式等社会经济因素，促使承载力概念具备“双向作用”特征，除

① ODUM E P. Fundamentals of ecology [M]. Philadelphia: W. B. Saunders, 1953.

② 谢高地，曹淑艳，鲁春霞，等. 中国生态资源承载力研究 [M]. 北京：科学出版社，2011.

了考虑人类社会对自然生态系统的压力外，更加重视人类社会系统的管理弹性力作用。为此，在不同的研究阶段相继产生了包括人粮关系评价、资源生产力指数评价、环境容量极限值评价、综合指数评价、“压力—状态—响应”（PSR）模型评价等在内的对资源环境承载力的多种评价方法。而绿色发展理念指导下的资源环境承载力研究更注重对由人类参与下的经济社会活动与资源环境生态构成的系统的结构和功能协调稳定程度进行研究，即看生态系统自身的稳定性是否受到破坏，生态系统的结构与功能是否发生根本性改变。①

因此，基于绿色发展理念的资源环境承载力理论模型应具有动态性、非线性、协调性、复杂性等特点，单靠一两种分析方法难以对这些特性进行全面系统分析。为此，本书根据模型特性和实际需要，结合信息论、协同学、模糊数学等系统论分析的相关理论，引入熵值法、耦合协调分析法、灰色关联分析法等多种主流的系统分析方法，围绕绿色发展理念下经济社会发展与资源环境构成的系统内部结构的稳定度、耦合度、有序度、关联度、运行状态等几个方面建立了静态和动态相结合的系统分析方法组合。

2. 实践意义

（1）满足在绿色发展理念指导下开展资源环境承载力评价的现实经济社会发展需要。

当前，坚持绿色发展理念，积极推进“经济—资源—环境”的协调发展已成为开展区域规划的基础性工作。② 在国家制定的一系列加大资源环境保护力度、加强生态文明建设的具体措施中，区域资源环境承载力评价是保证资源环境与社会经济协调发展的关键。③ 而如何在绿色发展理念下对资源环境承载力水平进行科学、全面、系统、准确评价是做好资源环境保护，加快生态文明建设，实现可持续发展的关键的基础性工作。本书从绿色发展理念

---

① 沈渭寿，张慧，邹长新，等. 区域生态承载力与生态安全研究［M］. 北京：中国环境科学出版社. 2010.

② 盖美，聂晨，柯丽娜. 环渤海地区经济—资源—环境系统承载力及协调发展［J］. 经济地理，2018（07）：163-172.

③ 吕若曦，肖思思，董燕红，等. 基于层次分析法的资源环境承载力评价研究——以镇江市为例［J］. 江苏农业科学，2018（09）：268-272.

的内涵、要素间的互动关系、驱动机制出发构建理论模型和评价指标体系，遵循系统评价原则，综合运用各种系统分析方法对资源环境承载力水平进行评价，为在绿色发展理念下科学有效规划经济社会发展的强度和水平，实现资源环境与经济社会协调有序发展，提供了较为科学有效的研究思路和方法。

（2）为京津冀地区实现绿色发展提供对策建议。

多年来，由于生态环境基础较为脆弱，经济社会发展的规模与要求已经严重超过了资源环境的承载负荷，再加上资源环境管理体制统一性与系统性欠缺都在很大程度上制约了经济社会的发展水平，使得京津冀地区成了生态超载和环境污染较为严重、资源环境与经济社会矛盾较为突出的地区之一。为此，针对京津冀地区资源环境与经济社会发展的特点，在绿色发展理念的指导下，加强对资源环境承载力水平的评价和系统分析是科学谋划京津冀地区经济社会发展的重要依据。本书在对京津冀地区资源环境现状、产业结构特点、产业结构与资源环境的关系等内容进行分析的基础上，对绿色发展理念下的京津冀地区资源环境承载力水平进行分析评价，为情况类似地区及时调整城市定位，加快产业转型升级，形成新的经济增长点，探索出可以借鉴的优化发展的新模式，具有重要的实践意义。

二、研究内容及结构

本书具体研究内容及结构如下：

第一章：绪论。首先，介绍了经济社会发展与资源环境保护之间的矛盾、我国绿色发展理念提出的背景、资源环境承载力研究的背景等相关内容，从丰富、完善绿色发展理论，提出资源环境承载力评价方法组合，满足经济社会发展现实需要，为处理京津冀地区实现绿色发展提供对策建议等角度，阐述了研究的意义；其次，介绍本书的主要研究内容及结构；最后，介绍本书的研究方法和技术路线等内容。

第二章：文献综述。首先，对绿色发展理念的沿革和内涵进行文献综述；其次，对绿色发展理念下资源环境承载力评价进行文献综述；最后，对熵值法、耦合协调分析法、灰色关联分析法等绿色发展理念下资源环境承载力分析方法进行文献综述，进而确定本书的思路和方法。

第三章：基于绿色发展理念的资源环境承载力评价和系统分析理论基础。首先，介绍了社会动力学模型要素间的互动关系和运行机制；其次，借助基于绿色发展理念改进的社会动力学模型和WSR系统方法论对资源环境承载力要素间相互关系、驱动机制进行了分析，并提出了资源环境承载力“三螺旋耦合”理论模型；最后，阐述了该理论模型的特征、演化阶段和评价方法等。

第四章：京津冀地区资源环境及产业发展现状分析。本书选取京津冀地区资源环境承载力评价作为实证分析。在对京津冀地区基本情况进行概述的基础上，主要从京津冀地区的水资源环境、土地资源环境、大气环境三类资源环境的现状、京津冀地区产业发展现状以及资源环境与产业结构关系等方面，对京津冀地区资源环境与经济社会发展状况进行综合评述。

第五章：京津冀地区资源环境承载力评价。首先，在明确评价指标体系构建原则的基础上，从WSR系统方法论三个维度的内涵、京津冀地区经济社会发展对主要资源环境的压力程度、以往京津冀地区资源环境承载力指标体系设计的相关经验等三个方面进一步明确本研究构建的评价指标体系的相关内容；其次，在对各类统计年鉴、统计公报等数据进行整理的基础上，运用熵值法相关理论和计算公式，分别对京津冀三地水资源环境、土地资源环境、大气环境的承载力进行评价；最后，对京津冀地区综合资源环境承载力各指标权重、系统内各子系统水平，以及综合资源环境承载力水平进行计算。

第六章：京津冀地区资源环境承载力系统分析。首先，介绍了耦合协调分析原理和灰色关联分析原理；其次，分别运用耦合协调分析方法、灰色关联分析方法对京津冀分类别资源环境承载力协调有序发展水平，以及系统内各子系统间的关联程度进行分析；最后，对京津冀地区综合资源环境承载力水平，以及与产业发展的关联性进行系统分析，重点对影响各地区资源环境承载力水平的主要子系统、对影响京津冀地区资源环境承载力水平的核心区域进行分析。

第七章：基于绿色发展理念的京津冀地区资源环境承载力提升对策建议。在对资源环境承载力水平、主要影响因素、系统的耦合协调度、关联度等研究结果综合分析的基础上，分别从尊重资源环境物理规律、优化科技管理事理手段、科学引导管理人理需求三个方面对京津冀地区的资源环境承载力水平提升，以及资源环境与经济社会和谐有序发展提供相应的对策建议。

第八章：结论与展望。总结研究的结论、创新点，指出本研究展望。

三、研究方法

1. 文献分析

通过文献综述法对已有的关于绿色发展理念、资源环境承载力等的研究成果，以及京津冀地区资源环境承载力相关研究内容进行归纳整理，梳理了国内外关于绿色发展理念下的资源环境承载力研究内容、指标体系、评价方法等，重点对京津冀地区资源环境承载力问题研究的主要思路、指标构建、研究方法等内容进行综述。

2. 典型分析

当前，在绿色发展理念下重点区域的生态恢复与提升途径是资源环境承载力研究的主要方向。京津冀地区资源环境保护与经济社会发展之间的矛盾日益突出，迫切需要在绿色发展理念指导下对资源环境承载力进行科学、系统评价，并在此基础上对经济社会发展进行规划。本书在对京津冀地区资源环境、产业结构以及两者关系研究基础上，进行综合分析评价，以期为京津冀地区资源环境承载力提升、更好地规划经济社会发展提供对策建议。

3. 熵值法

在深入了解京津冀地区绿色发展现状、搜集整理相关数据资料的基础上，运用熵值法对资源环境承载力指标体系的权重进行计算，并对分类别资源环境承载力水平、综合资源环境承载力水平进行计算。

4. 耦合协调分析法

在对京津冀地区各年份资源环境承载力发展水平进行计算的基础上，运用耦合协调分析法分别对京津冀地区水资源环境、土地资源环境、大气环境三类主要资源环境的承载力系统内部各子系统之间的耦合协调水平、京津冀三地各自综合资源环境承载力系统内部各子系统之间的耦合协调水平，以及京津冀三地之间资源环境承载力综合指数的耦合协调水平进行了计算，并进行了分析评价。

5. 灰色关联分析法

在对京津冀地区资源环境承载力耦合协调度水平进行分析研究的基础上，为了探究资源环境承载力系统内各要素之间的相互联系和影响程度，进一步明确哪个子系统、哪个区域对资源环境承载力耦合协调水平、对京津冀地区资源环境承载力整体耦合协调水平的影响较大，运用灰色关联分析法对影响耦合协调度的主要子系统和主要地区进行了分析评价。

四、技术路线

本书不仅基于绿色发展理念 WSR 系统方法论构建资源环境承载力理论模型和评价指标体系，同时还依据 WSR 系统方法论一般研究过程制订本研究技术路线图。其中，WSR 系统方法论一般工作流程分为：理解意图、制定目标、调查分析、构造策略、选择方案、协调关系、实现构想等 7 个方面。随着 WSR 系统方法论研究的深入，再加上随着我国决策科学化民主化进程的加快，本书在综合相关学者研究成果和 WSR 系统方法论一般工作流程的基础上，对具体步骤进行了调整完善，制订出如下工作流程。

1. 理解意图，形成目标

在对绿色发展理念、资源环境承载力相关内容进行研究分析的基础上，明确研究意图：分析研究绿色发展理念理论内涵，构建资源环境承载力评价体系，探索方法组合对资源环境承载力进行综合评价和系统分析，据此为京津冀地区资源环境承载力水平提升，为实现人与自然和谐发展提供对策建议。其中的重点内容是对基于绿色发展理念 WSR 系统方法论构建的资源环境承载力“三螺旋耦合”理论模型进行分析。

2. 调查分析

对京津冀地区资源环境基本情况、产业发展现状，以及资源环境与产业结构之间的相互关系进行调查研究，了解京津冀地区资源环境承载力现状水平，为综合评价和系统分析做好准备。

3. 制订、实施方案

对于绿色发展理念下资源环境承载力评价和系统分析的具体思路：一方面，以资源环境为视角进行综合评价和系统分析；另一方面，以地区为视角进行综合评价和系统分析。为了对京津冀地区资源环境承载力水平进行全面的综合评价和系统分析，本书综合运用熵值法、耦合协调分析法、灰色关联分析法分别对分类别资源环境承载力和综合资源环境承载力进行评价和系统分析。

4. 形成对策建议

在认真分析各类研究成果，综合比较不同策略下的经济社会发展效果的基础上，为京津冀地区绿色发展水平提升提出对策建议。

本书具体技术路线如图 1.1 所示。

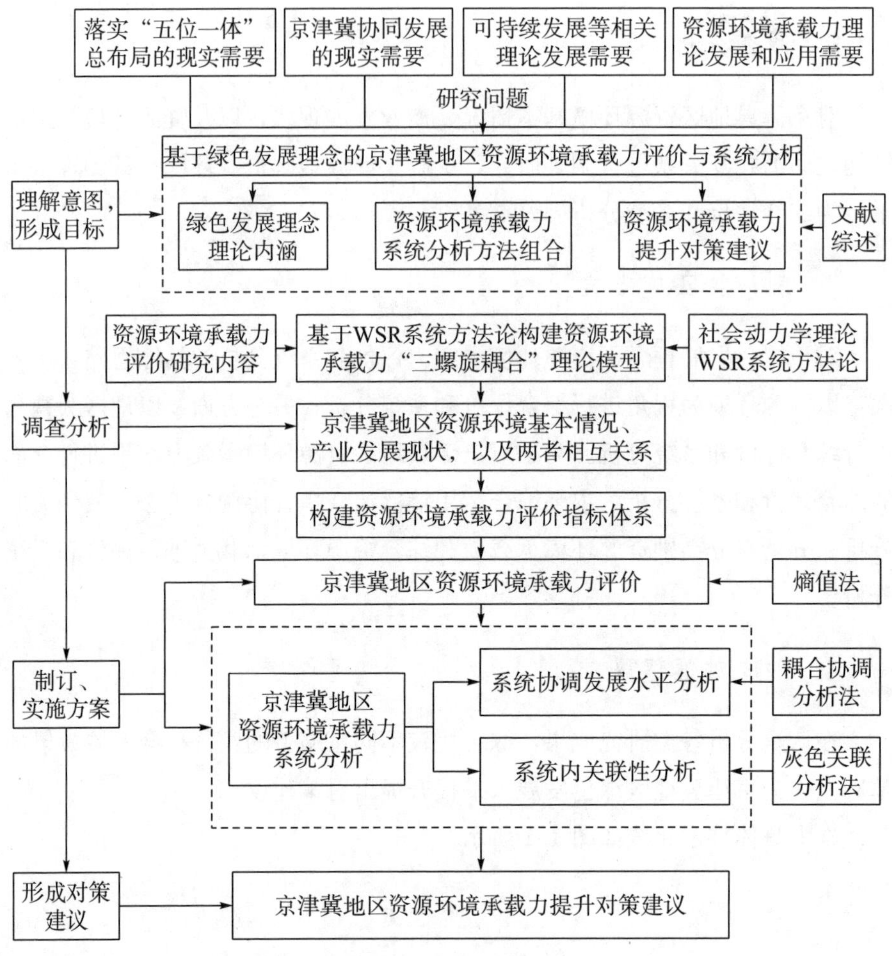
落实“五位一体”总布局的现实需要
京津冀协同发展的现实需要
可持续发展等相关理论发展需要
资源环境承载力理论发展和应用需要
研究问题
基于绿色发展理念的京津冀地区资源环境承载力评价与系统分析
理解意图，形成目标
绿色发展理念理论内涵
资源环境承载力系统分析方法组合
资源环境承载力提升对策建议
文献综述
资源环境承载力评价研究内容
基于WSR系统方法论构建资源环境承载力“三螺旋耦合”理论模型
社会动力学理论WSR系统方法论
调查分析
京津冀地区资源环境基本情况、产业发展现状，以及两者相互关系
构建资源环境承载力评价指标体系
京津冀地区资源环境承载力评价
熵值法
制订、实施方案
京津冀地区资源环境承载力系统分析
系统协调发展水平分析
耦合协调分析法
系统内关联性分析
灰色关联分析法
形成对策建议
京津冀地区资源环境承载力提升对策建议

图 1.1　研究技术路线

第 二 章

DIERZHANG

文献综述

一、绿色发展理念的沿革和内涵

2015 年 10 月，绿色发展理念作为保障实现全面建成小康社会目标的五大发展理念之一在党的十八届五中全会上被正式提出，成为党和国家的执政理念。绿色发展理念作为顺应时代发展要求、直面现阶段各种严峻挑战的积极回应，从关注人与资源的关系角度出发，为如何协同推进经济社会高质量发展与资源环境高水平保护提供理论支撑。绿色发展理念的形成也是循序渐进、不断发展的过程。

（一）历史沿革

1. 绿色发展理念伴随着工业文明“黑色”发展而产生

1765 年，蒸汽机的出现标志着人类社会从农业文明跨入工业文明。伴随着以机械化、电气化、自动化为特征的大规模生产方式的出现，一方面，生产力的发展得到了空前的释放，继而创造了超过以往任何时期的社会财富，使人类不断认识和改造世界，极大地推动了人类社会进步；另一方面，大量的能源被消耗，大量的废弃物被排放，对人类赖以生存的生态环境造成了前所未有的破坏。随着人类改造和利用自然的能力不断增强，工业文明带来大量物质财富能够满足人们各种物质和精神需求的同时，又进一步激发了人类征服自然、向自然索取的欲望。人类加剧了对自然的征服，越发地沉溺于物质利益，追逐经济利益，进而选择了一条高投入、高排放、高污染的“黑色”发展道路。人类毫无节制地将自然资源转化为物质财富的同时也加剧了人与自然之间、经济社会与资源环境之间、人类的持续发展与资源环境可承载能力之间的矛盾，进而开始审视工业文明带来的“两面性”，思考人类社会如何在充分利用工业文明带来的社会财富的过程中实现自己的可持续发展。

1962 年，美国作家、环保先驱蕾切尔·卡逊出版了深刻描述工业文明引发生态危机的《寂静的春天》一书。她依据大量数据揭示出，工业生产引发的问题对环境和人类生存都造成了巨大的危害。她告诉世界："人们恰恰很难辨认自己创造出来的魔鬼""'控制自然'这个词是一个妄自尊大的想象产物。"20 世纪 30 年代至 60 年代，因现代化学、冶炼、汽车等工业的兴起和发展，工业"三废"排放量不断增加，环境污染和破坏事件频频发生，"世界八大公害事件"（分别为 1930 年 12 月比利时马斯河谷烟雾事件；1948 年 10 月美国多诺拉镇烟雾事件；20 世纪 40 年代美国洛杉矶光化学烟雾事件；1952 年 12 月伦敦烟雾事件；1949—1956 年日本水俣病事件；1963—1968 年日本富山骨痛病事件；1961—1970 年日本四日市哮喘病事件；1968 年日本米糠油事件）产生。卡逊作为生态环境保护的"吹哨人"之一，让人们开始审视环境污染、生态破坏与自身生存的关系。

在卡逊等人的推动下，1968 年，来自意大利、瑞士、日本、美国等 10 个国家的 30 位科学家、教育家、经济学家、人文学家和实业家在意大利开会，成立了一个非政府性的国际协会——"罗马俱乐部"（Club of Rome）。该俱乐部完成了震撼世界的报告《增长的极限——罗马俱乐部关于人类困境的报告》（以下简称：《增长的极限》）。该报告显示：100 年后地球上的资源将被彻底耗尽并枯竭，除非未来增长趋势与过去有根本的不同。《增长的极限》使人们对环境问题的认识提高到一个新高度，它明确指出了"人类困境"的根源在于传统经济增长方式的"不可持续性"。与此同时，各个国家开展了一系列"环境运动"，较有代表性的是 1970 年 4 月 22 日在美国举行的规模空前的"世界地球日"游行活动，国会议员、工人、学生等大约 2000 万人参加。此后，包括绿色和平组织、地球之友、国际鹤类基金会、世界自然基金会等一大批非政府组织迅速成长，它们通过引导社会舆论、公民参与等多种形式开展环境保护活动。

相较于西方国家，我国的工业化进程来得较晚，但也未能躲避大规模工业化带来的生态环境危机。由于对环境问题的严重性认识不足，高污染、高能耗的粗放型经济增长模式长期存在，对煤、铁、石油等大量非可再生能源过度开发消耗，雾霾、高温等恶劣天气频发，湿地生态系统退化严重，生物多样性下降，广大人民群众对各类大气污染、水污染、土地污染、城市垃圾污染等一系列问题反应强烈。

因此，绿色发展理念是伴随着工业文明下的“黑色”发展引发的一系列环境生态危机而产生的，是在对工业文明所带来的一系列生态问题深入思考反思的基础上提出的。

2. 绿色发展理念与中华传统文化一脉相承

绿色发展理念是解决“黑色”发展带来的生态危机进而推进人类社会可持续发展的新发展理念。而对于中华民族来说，绿色发展理念有着更深厚的思想和哲学内涵，可以追溯到“道法自然”“天人合一”等一系列体现中国智慧的思想中。2013年5月24日，习近平总书记在党的十八届中央政治局第六次集体学习时指出：“我们中华文明传承五千多年，积淀了丰富的生态智慧。‘天人合一’‘道法自然’的哲理思想，‘劝君莫打三春鸟，儿在巢中望母归’的经典诗句，‘一粥一饭，当思来处不易；半丝半缕，恒念物力维艰’的治家格言，这些质朴睿智的自然观，至今仍给人以深刻警示和启迪。”[①]

老子的“道法自然”指的是要符合每种事物“顺其自然”的状态、要顺应每种事物“自然而然”的规律。“天人合一”的哲学思想体系是庄子在继承老子“道法自然”思想的基础上提出来的。他认为：人与天地万物合为一体，人与我、人与物的分别都已经不存在，“天人合一”即物我两忘。“道法自然”“天人合一”要求维护人与自然之间的协调以及周而复始的运行，一旦这种协调及循环被打破，人类的可持续发展和自然的休养生息都会遭受相应的破坏。同时，庄子还认为，技术的进步和工具的改良，一方面给人们的发展带来便利；另一方面，也会使自然之物的本性得到破坏，使人为物所役，进而迷失自我。几千年来，中华民族尊重自然、保护自然，生生不息、繁衍发展，倡导“天人合一”，懂得人类必须遵循自然规律才能可持续发展；同时，也明晰科学技术发展不可无序、不可利欲熏心。这些都可以看作绿色发展理念的哲学思想基础。

---

① 中共中央文献研究室. 习近平关于社会主义生态文明建设论述摘编［M］. 北京：中央文献出版社，2017：6.

在工业文明以前，特别是远古时代，人类获取各种生产资料、生活资料主要依赖于大自然，再加上无法解释和无法抗拒的风雨雷电、洪水、地震等一系列自然现象，使得人类在依赖自然的同时产生了对自然的敬畏，进而形成了最原始的环保观念和行为规范，还通过神话故事、宗教信仰、物化图腾等增强对后代的警示教育。同时，历朝历代还通过设置各类官职负责对生态环境的治理。例如，相传，在尧帝时就设置“虞人”掌管山泽、苑囿、畋牧等；夏禹执政时下禁令“春三月，山林不登斧斤，以成草木之长。夏三月，川泽不如网罟，以成鱼鳖之长”。《礼记·月令》中有这样的记载，“（孟春之月）禁止伐木，毋覆巢，毋杀孩虫、胎、夭、飞鸟，毋麛毋卵”“（仲春之月）毋竭川泽，毋漉陂池，毋焚山林”“（季春之月）命野虞毋伐桑柘”。这些都对人们每个时节开展相应的生产方式进行了引导，核心思想是指导人们合理利用自然资源，在让自然得到休养生息的同时，实现人类与自然的和谐相处，人类社会的可持续发展。这些都可以看作绿色发展理念的早期实践。

3. 绿色发展理念来源于自然辩证法

自然辩证法是马克思主义的重要组成部分，其研究对象是自然界发展和科学技术发展的一般规律、人类认识和改造自然的一般方法以及科学技术在社会发展中的作用。自然辩证法是伴随自然科学和技术的发展日益被揭示出来的，两个方面的研究密切相连，不可分割，体现了科学技术在社会发展中的作用。其核心观点包括：自然界是一切事物的本原，人类本身就是从自然界中分化出来并从自然界取得生存与发展的资料的；人类对自然界的认识产生了科学，对自然界的改造产生了技术；人类社会就是与科学技术一同发展起来的；近代以后，科学革命与技术革命极大地改变了人类社会的面貌，把人类社会推向了一个新的历史阶段。为此，马克思认为处在原始状态下的自然界是不符合人的目的的，只有在加以改造以后，才变成人的存在物，也只有这样的自然界才是人们现实的认识对象，才可以成为“人化自然”。他还认为，从历史唯物主义观点来看，人类为了满足自己的需要，为了维持和再生产自己的生命，必须与自然界进行斗争，必须发展生产力，野蛮人必须这样做；在一切社会形态中，在一切可能的生产方式中，他都必须这样做，这个自然必然性的王国也会随着人的发展而扩大。[①]

与此同时，尽管有学者认为科学技术是启蒙精神和人类价值理性演变发展的产物，但在资本主义条件下，科学技术工具理性极大膨胀，在追求效率和实施技术控制中，价值理性由最初的调节人与自然之间关系退化为统治自然和人以及追逐利益的工具，进而加剧了人与自然之间的不平衡，甚至让人类走到了自然的对立面。为此马克思认为，在资本主义条件下，“科学获得的使命是：成为生产财富的手段，成为致富的手段”[②]。而只有在社会主义条件下，由联合起来的生产者，合理地调节他们和自然之间的物质变换，把自然置于他们的共同控制之下，而不让自然作为盲目的力量来统治自己，靠消耗少量的力量，在最适合于他们的人类本性的条件下来进行这种物质变换，才能解决科学技术造成的巨大生产力和资本主义社会关系之间的矛盾。[③]

4. 新时代中国绿色发展理念

党的十八大以来，在习近平新时代中国特色社会主义思想的指引下，我国坚持“绿水青山就是金山银山”的理念，坚定不移走生态优先、绿色发展之路，促进经济社会发展全面绿色转型，建设人与自然和谐共生的现代化，创造了举世瞩目的生态奇迹和绿色发展奇迹，美丽中国建设迈出重大步伐。绿色成为新时代中国的鲜明底色，绿色发展成为中国式现代化的显著特征，广袤中华大地天更蓝、山更绿、水更清，人民享有更多、更普惠、更可持续的绿色福祉。[④]

（1）坚持以人民为中心的发展思想。

以人民为中心是党的执政理念，良好生态环境是最公平的公共产品、最普惠的民生福祉。随着中国式现代化建设的不断推进和人民生活水平的不断

---

① 中共中央马克思恩格斯列宁斯大林著作编译局．马克思恩格斯全集 第25卷［M］．北京：人民出版社，1974：926－927．

② 中共中央马克思恩格斯列宁斯大林著作编译局．马克思恩格斯全集 第47卷［M］．北京：人民出版社，1979：570．

③ 黄顺基．自然辩证法概论［M］．北京：高等教育出版社，2004：3．

④ 中华人民共和国国务院新闻办公室．《新时代的中国绿色发展》白皮书（全文）［EB/OL］．http://www.scio.gov.cn/zfbps/zfbps_2279/202303/t20230320_707649.html．

提高，人民对优美生态环境的需要更加迫切，生态环境在人民生活幸福指数中的地位不断凸显。我国顺应人民日益增长的优美生态环境需要，坚持生态惠民、生态利民、生态为民，大力推行绿色生产生活方式，重点解决损害群众健康的突出环境问题，持续改善生态环境质量，提供更多优质生态产品，让人民在优美生态环境中有更多的获得感、幸福感、安全感。习近平总书记指出："人心是最大的政治。我们要积极回应人民群众所想、所盼、所急，大力推进生态文明建设，提供更多优质生态产品，不断满足人民日益增长的优美生态环境需要。"①

（2）着眼中华民族永续发展。

生态兴则文明兴，生态衰则文明衰。大自然是人类赖以生存发展的基本条件，只有尊重自然、顺应自然、保护自然，才能实现可持续发展。我国立足环境容量有限、生态系统脆弱的现实国情，既为当代发展谋，也为子孙万代计，把生态文明建设作为关系中华民族永续发展的根本大计，既要金山银山也要绿水青山，推动绿水青山转化为金山银山，让自然财富、生态财富源源不断带来经济财富、社会财富，实现经济效益、生态效益、社会效益同步提升，建设人与自然和谐共生的现代化。2013 年 9 月，习近平总书记在哈萨克斯坦纳扎尔巴耶夫大学发表重要演讲，对"绿水青山就是金山银山"理论进行了全面阐述，坚定了对"先发展，后保护""先污染，后治理""先破坏、后修复"的不可持续发展道路的否定。2015 年 9 月，中共中央、国务院印发《生态文明体制改革总体方案》明确了"绿水青山就是金山银山的理念"。2016 年 5 月，联合国环境规划署发布题为《绿水青山就是金山银山：中国生态文明战略与行动》的报告，高度评价了"两山论"的贡献和成就。2017 年 10 月，党的十九大报告指出：必须树立和践行绿水青山就是金山银山的理念。随后，"增强绿水青山就是金山银山的意识"的内容被写入党的十九大通过的《中国共产党章程（修正案）》之中。

（3）坚持系统观念统筹推进。

绿色发展是对生产方式、生活方式、思维方式和价值观念的全方位、革命性变革。中国把系统观念贯穿到经济社会发展和生态环境保护全过程，正

---

① 习近平. 习近平谈治国理政 第三卷［M］. 北京：外文出版社，2020：359－360.

确处理发展和保护、全局和局部、当前和长远等一系列关系，构建科学适度有序的国土空间布局体系、绿色低碳循环发展的经济体系、约束和激励并举的制度体系，统筹产业结构调整、污染治理、生态保护、应对气候变化，协同推进降碳、减污、扩绿、增长，推进生态优先、节约集约、绿色低碳发展，形成节约资源和保护环境的空间格局、产业结构、生产方式、生活方式，促进经济社会发展全面绿色转型。习近平总书记指出："绿色发展是新发展理念的重要组成部分，与创新发展、协调发展、开放发展、共享发展相辅相成、相互作用，是全方位变革，是构建高质量现代化经济体系的必然要求，目的是改变传统的'大量生产、大量消耗、大量排放'的生产模式和消费模式，使资源、生产、消费等要素相匹配相适应，实现经济社会发展和生态环境保护协调统一、人与自然和谐共处。"①

（4）共谋全球可持续发展。

保护生态环境、应对气候变化，是全人类的共同责任。只有世界各国团结合作、共同努力，携手推进绿色可持续发展，才能维持地球生态整体平衡，守护好全人类赖以生存的唯一家园。我国站在对人类文明负责的高度，积极参与全球环境治理，向世界承诺力争于2030年前实现"碳达峰"、努力争取2060年前实现"碳中和"，以"双碳"目标为牵引推动绿色转型，以更加积极的姿态开展绿色发展双多边国际合作，推动构建公平合理、合作共赢的全球环境治理体系，为全球可持续发展贡献智慧和力量。习近平总书记在主持中共十九届中央政治局第三十六次集体学习时指出："实现碳达峰碳中和，是贯彻新发展理念、构建新发展格局、推动高质量发展的内在要求，是党中央统筹国内国际两个大局作出的重大战略决策。我们必须深入分析推进碳达峰碳中和工作面临的形势和任务，充分认识实现'双碳'目标的紧迫性和艰巨性。"②

（二）理念内涵

绿色发展理念实际上回答了人与自然之间应是什么样的关系，怎么处理

① 习近平．习近平谈治国理政 第三卷［M］．北京：外文出版社，2020：367.
② 习近平．习近平谈治国理政 第四卷［M］．北京：外文出版社，2022：371.

这个关系，以及这个关系是如何运行的问题。

1. 绿色发展是顺应自然、促进人与自然和谐共生的发展

绿色发展在肯定自然界是人类生存与发展的前提和基础上，更加强调自然环境与社会环境的统一、人的能动性与受动性的统一、人的内在尺度与自然的外在尺度的统一，强调人与自然的内在价值并存、共同进化，注重建立人与自然之间“你中有我、我中有你，一荣俱荣、一损俱损，世界因为你我而精彩”的“耦合”关系。在人类产生之前，甚至是人类产生之后的一段时期，生态系统都是靠自然调节机制来调节自身的，特别是当生态系统发生混乱的时候，主要靠自然的力量扭转这种无序的状态。随着人类活动对自然环境的影响越来越大，人类的各种行为也越来越多地对自然生态系统进行调节甚至控制，特别是调节控制人与自然的关系。两者通过相互合作、相互制约，在创造人类历史的同时，也维护着地球生态系统的稳定、平衡以及持久的生命力。因此，绿色发展便是在这样一个合众生发展之情的基础上，积极寻求人与自然的和解之路，即“对自然的人道的占有”，建设一个肯定人的意义和价值，使人性得到改善和完美的人道主义的健全社会，从根本上解放自然[①]，即可实现人与自然的共生。

2. 绿色发展是回归价值理性与工具理性统一的发展

对于理性的哲学问题探讨由来已久，涉及来自神话的理性起源、启蒙运动时期理性精神的确立、现代性的理性发展等。而这其中，关于现代性理性的研究以法兰克福学派的“工具理性”比较具有代表性。“最初明确用工具理性和价值理性二元范畴并影响现代社会科学的人是马克思·韦伯”[②]，他将合理性分为目的（工具）合理性和价值合理性，其中，目的（工具）合理性“决定于对客体在环境中的表现和他人的表现的预期，行动者会把这些预期用作‘条件’或者‘手段’，以实现自身的理性追求和特定目标”，而价值合理性“决定于对某种包含在特定行为方式中的无条件的内在价值的自觉信

---

① HERBERT M. An Essay on Liberation [M]. Boston：MA. Beacon Press，1969：23.

② 王锟．工具理性和价值理性——理解韦伯的社会学思想［J］．甘肃社会科学，2005（01）：120－122.

仰，无论该价值是伦理的、美学的、宗教的还是其他什么东西，只追求这种行为本身，而不管其成败与否”[①]。

理性赋予人类强大的认识世界和改造世界的能力，创造了巨大的能够满足人类需求的物质财富，但当理性发展到极端，失去了自我批判和反思功能的时候就会使人类产生一种绝对支配和统治力量的错觉，这其中尤其以工具理性的两种典型形态——经济理性和科技理性较为突出。“现代理性在强调思想和行为的合理性的同时，主要强调的是功利和算计的原则，因此，它主要是以经济理性和科技理性两种形态呈现出来的。”[②] 以经济理性为例，“受经济理性运行逻辑和价值导向所支配的人类已经将生活中全部的幸福与确定的满足感与占有一定数量的货币紧密关联，货币从一种纯粹的手段与先决条件，向内生成为一种终极目的，当这种‘终极目的’成为支配人理念与行为的绝对力量时，自然在其面前也就成为了功利化的掠夺对象和可以精确计算的目标，对其肆意征服破坏，不惜一切代价发展生产追求经济增长就不足为奇了”[③]。因此，本应当是实现人与自然和谐共生媒介的理性，却在一定程度上成了征服控制自然的工具和手段，进而造成了一系列的生态危机。

因此，面对生态危机所昭示的人类理性的阙失和功能的失范，我们需要积极地反思并寻求弥合理性不同属性的不足。绿色发展就可以看作是对理性结构或重塑的重要思路。它将理性的不同属性看作是一个相互联系相互影响的整体，而不是让某一种属性在不受对方制约的前提下单独与自然资源环境进行互动，是回归理性统一基础上的与自然生态环境和解之路，不断确证“人是人的最高本质”。

3. 绿色发展是人与自然构成系统内部的动态平衡协调有序的发展

从现象上看，具有有限性的自然资源和生态资源难以支撑以追求经济利

① 马克斯·韦伯. 经济与社会 第一卷［M］. 阎克文，译. 上海：上海人民出版社，2010：114.

② 张云飞. 生态理性：生态文明建设的路径选择［J］. 中国特色社会主义研究，2015（01）：88-92.

③ 赵若玺. 生态理性研究［D］. 北京：中共中央党校，2021：75.

益和利润增长作为唯一经济理性逻辑的经济社会发展方式，面对人类为了追求资本增殖而对自然的无限索取，自然资源和生态环境不可避免地不断减少及恶化，进而导致自然生态的失衡，以及人与自然关系的失衡。“在物质层面上，经济是整个地球生态系统的一个开放的子系统，而地球生态系统是有限的，非增长的，在物质上是封闭的。随着经济子系统的增长，它将从整个生态系统的母体中吸收越来越多的部分，并且必将达到100%的极限（如果以前没有达到这一极限的话）。因此经济的增长不是可持续的……尽管在过去的二百年中我们已经依靠指数化的增长实现了地球经济的稳定，并逐渐形成了与之相适应的文化（Hubbert，1976），但是地球仍然无法承受哪怕是一粒麦子的64次幂的增长。”[①] 贝拉米·福斯特指出：“工业生产的增长率从20世纪70年代到90年代期间连续保持年均3%的增长率，这意味着世界范围内工业产值每25年就翻一番，每个世纪大约增长16倍，每两个世纪增长25倍等，此种生产方式以对自然资源的严重消耗和资本密集型技术的严重依赖为主，这意味着优质能源和其他自然资源的快速消耗不断加剧，向生态环境倾倒的废料也日益增多，我们已经超越了某些严峻的生态极限。”[②] “这种将利润增长和经济发展放在首要关注位置的短浅目光行为，所带来的后果是严重的，这很可能致使整个世界的生存都成为问题。一个无法逃避的事实是，人与环境关系的根本变化使人类历史走到了重大转折点。人类消费能源与原材料的规模目前已达到了自然平衡的临界水平。”[③]

从本质上看，人与自然的关系应建立在整体观、循环观、平衡观等系统观念基础上，陈昌笃认为，“保护和改善生态状况的最终目标应该是使我们的资源得到可持续利用（sustainable use）……1992年在巴西里约热内卢召开的联合国环境与发展大会（UNCED）（地球高峰会议）上把可持续发展思想带进了世界政治议程的中心，并为绝大多数国家所接受。而这一思想的

① 赫尔曼·E. 戴利，肯尼斯·N. 汤森. 珍惜地球：经济学、生态学、伦理学［M］. 马杰等，译. 北京：商务印书馆，2001：300－301.

② 约翰·贝拉米·福斯特. 生态危机与资本主义［M］. 耿建新等，译. 上海：上海译文出版社，2006：37－38.

③ 约翰·贝拉米·福斯特. 生态危机与资本主义［M］. 耿建新等，译. 上海：上海译文出版社，2006：60.

核心，正是对自然资源的可持续利用”[①]。为此，他认为生态学一般规律可以概括为“物物相关”“相生相克”“能流物复”“协调稳定”“负载定额”“时空有宜”等几条规律。其中，“物物相关”和“相生相克”，即指自然事物处于相互联系、相互制约、共存共生的生态关系中，这是生态系统维持其动态平衡的动力之因；“能流物复”和“协调稳定”是生态系统存在和发展的内在保证，并将生态系统连成一个整体，虽然各系统、系统各部分之间都有自己的独特运行模式，但都遵循整体性原则；“负载定额”揭示了任何生态系统的生产力和承载能力都是有限的，由生物物种自身的特点及可供它利用的资源和能量决定，人口问题、资源问题、环境问题实际上都是由于人类的活动接近或已超过生态系统的“负载定额”的限度而造成的；“时空有宜”揭示了生态系统动态变化的特征，使人类在构建区域社会生态系统，规划自身的生产、消费理念和行为时，能既从实际出发、实事求是，又因地制宜、与时俱进。

因此，绿色发展理念正是在尊重生态学基本规律，以实现资源环境可持续利用基础上的人与自然共同发展为目标，通过实现人与自然构成的生态系统的动态平衡协调有序发展，为人类不断发展和自然资源环境的休养生息提供一个良好的发展思路。

二、绿色发展理念下资源环境承载力评价

承载力最初是指工程属性（如地基承载情况）或机械属性（如航运、电气化铁路的负荷情况）。[②] 此后，为了更好地描述资源环境对人类经济社会发展的约束，人们逐渐将承载力的概念引入生物学和区域系统研究中，指某一生物存在环境所能支持的某一物种的最大数量[③]，并逐渐形成了资源承载

---

① 陈昌笃．走向宏观生态学：陈昌笃论文选集［M］．北京：科学出版社，2009，自序Ⅴ．

② 封志明，李鹏．承载力概念的源起与发展：基于资源环境视角的讨论［J］．自然资源学报，2018（09）：1475－1489．

③ CLARKE A L．Assessing the Carrying Capacity of the Florida Keys［J］．Population & Environment，2002（04）：405－418．

力、环境承载力、生态承载力等一系列承载力问题研究[①]。承载力一般包括承载体、承载客体和承载水平三要素。承载体由包括空气、水、土壤等生命支持系统和水资源、森林资源等物质生产支持系统组成；承载客体包括污染物容量、生物规模、人口规模、人类经济社会活动等；承载水平科学、客观地反映一定时期内区域资源环境系统承载客体的极限，一般通过客观值、阈值、综合指数等进行评价。当前承载力研究主要分为单要素资源环境承载力研究和综合资源环境承载力研究两部分。单要素资源环境承载力研究主要是以单一资源、环境作为承载体，以环境容量、生物种群、人口规模等作为承载客体，用资源环境的物理属性作为承载水平的评价依据而开展的研究；综合资源环境承载力研究是以多种资源环境为载体，以经济社会发展水平或资源环境与经济社会相互关系为承载客体，用阈值、综合指数、耦合协调水平等作为承载水平的评价依据而开展的研究。

随着经济社会与资源环境之间的联系越来越紧密，人们对人与自然之间关系的认识越来越深刻；伴随着承载力研究的深入，人们不再只从资源环境自然属性的最大极限值单一视角对承载力进行研究，而是从资源环境能够支撑的人类经济社会发展最大规模，资源环境与经济社会发展关系等视角进行分析。但是人类经济社会活动最大支撑规模评价同资源环境与经济社会发展关系评价所立足的思想基础仍有不同。前者与单要素资源环境承载力评价一样，始终将生态作为经济发展的约束因素，理论基础始终建立在资源环境对人类经济社会发展制约的角度之上，探究资源环境开发利用的“红线”到底在哪里。而后者更关注如何实现资源环境和经济社会的和谐发展，是对资源环境与经济社会关系好坏、发展走势进行评价，为人类更好地实现绿色、可持续发展提供评判依据。所以，绿色发展理念下的资源环境承载力评价更注重从人与资源环境和谐共生，资源环境与经济社会发展关系角度进行评价；同时，对两者关系的分析不只考虑两者之间的矛盾对立、此消彼长，不只强调“阈值”“红线”等概念，而是强调对在绿色发展理念下人与资源环境构成的系统整体的和谐有序协调发展趋势等进行评价。因此，基于绿色发展理

① 齐亚彬. 资源环境承载力研究进展及其主要问题剖析 [J]. 中国国土资源经济，2005 (05)：7－11，46.

念的资源环境承载力研究对于全面、科学、有效地评价资源环境承载力水平，评价资源环境与经济社会发展之间的相互关系，并据此为科学规划经济社会发展提出对策建议指明了新的研究方向。当前基于绿色发展理念的资源环境承载力评价主要包括发展指数评价和耦合关系评价。

（一）发展指数评价

1. 绿色发展指数评价

该评价是基于绿色发展理念对经济社会发展的绿色化发展程度和水平进行评价。“绿色发展首先是一个发展问题，没有发展，就没有绿色发展。”[①]它强调要将资源环境作为经济发展的重要内在要素，让人类社会的发展建立在经济发展与资源环境和谐的基础上，强调资源、环境、经济、社会、人口等各个系统相互协调，构成有机统一体。其核心手段是“通过发展低碳经济、循环经济、绿色经济，使经济活动的过程与结果绿色化、生态化。更加强调绿色技术与绿色创新的带动作用，发展绿色产业，使经济活动遵循自然规律，让经济增长与环境资源的压力通过绿色化的过程而相脱钩”[②]。联合国经济合作开发署将绿色发展定义为：在确保自然资源能够继续为人类幸福提供各种资源和环境服务的同时，促进经济增长和发展。[③] 通过绿色发展指标体系测算的绿色发展指数是基于绿色发展理念对资源环境与经济社会发展相互关系进行评价的重要手段，评价目的是评价地方经济增长和社会发展的质量，在发展的过程中解决环境问题，而非放弃发展，只谈环境保护。从国外研究来看，挪威最早开展了自然资源核算，1981 年首次公布“自然资源核算”数据；1993 年，联合国将资源环境纳入国民核算体系，提出了环境经济账户（SEEA），为各国建立绿色国民经济核算提供了理论框架；这之后各个国家大多依据 SEEA 构建了自己的绿色国民经济核算体系。[④]

---

① 李晓西，刘一萌，宋涛. 人类绿色发展指数的测算 [J]. 中国社会科学，2014 (06)：69－95，207－208.

② 刘晓男. 山东省绿色发展测度研究 [D]. 聊城：聊城大学，2018：11.

③ OECD. Towards Green Growth [R]. Honolulu：OECD Meeting of the Council，2011.

④ 郑红霞，王毅，黄宝荣. 绿色发展评价指标体系研究综述 [J]. 工业技术经济，2013 (02)：142－152.

Hopton 等提出了将绿色 GDP 的理论运用到城市综合承载力的测量当中，通过生态足迹等方法来测量综合承载力的强度。[①] 从国内研究来看，北京师范大学科学发展观与经济可持续发展研究基地等将绿色与发展相结合，突出了政府的绿色管理引导作用，加强了绿色生产的重要性，从经济增长绿色度、资源环境承载潜力、政府政策支持度 3 个方面构建指标体系[②]；张欢等从绿色美丽家园、绿色生产消费和绿色高端发展 3 个方面构建指标体系[③]；刘明广从绿色生产、绿色生活、绿色环境和绿色新政 4 个方面构建绿色发展水平的测量指标体系[④]。各类指标体系主要还是围绕绿色发展的特点来构建。

2. 可持续发展指数评价

该评价指向以自然界与人类社会、环境与经济社会和谐发展为目标，逐步实现一条人口、资源、环境与发展相协调的道路。[⑤] 当前，可持续性科学研究已明确把"人类—环境"系统作为基本研究对象，并把不同时空尺度下"人类—环境"系统的可持续性评价作为主要研究内容[⑥]，对"人类—环境"系统可持续性问题已成为当前可持续性科学研究的一个热点问题[⑦]。对于可持续发展理论的系统评价，一方面，是基于协调论、和谐论和可持续发展理论的相关内容，同时以资源、环境、经济社会发展等系统作为准则层，并且从资源的可供性、开发利用效率、合理配置程度和管理能力等方面选择评价

① HOPTON M E，Cabezas H. Development of a Multidisciplinary Approach to Assess Regional Sustainability [J]. International Journal of Sustainable Development，2010 (01)：48-56.

② 北京师范大学科学发展观与经济可持续发展研究基地，西南财经大学绿色经济与经济可持续发展研究基地，国家统计局中国经济景气监测中心. 2011 中国绿色发展指数报告——区域比较 [M]. 北京：北京师范大学出版社，2011.

③ 张欢，罗畅，成金华，等. 湖北省绿色发展水平测度及其空间关系 [J]. 经济地理，2016 (09)：158-165.

④ 刘明广. 中国省域绿色发展水平测量与空间演化 [J]. 华南师范大学学报（社会科学版），2017 (03)：37-44，189-190.

⑤ 李佳璐，胡昊，贾大山. 海洋经济可持续发展指数的构建及实证研究：以上海为例 [J]. 海洋环境科学，2015 (06)：942-948.

⑥ KATES R W. What Kind of a Science is Sustainability Science [J]. Proceedings of the National Academy of Sciences of the United States of America，2011 (49)：19449-19450.

⑦ 邬建国，郭晓川，杨稊，等. 什么是可持续性科学 [J]. 应用生态学报，2014 (01)：1-11.

因子，构建资源、环境、经济发展的指标体系，并利用相关研究方法对其系统发展水平进行评价；另一方面，是基于生态足迹（Ecological Footprint，简称 EF）、人类发展指数（Human Development Index，简称 HDI），以及能值分析等对可持续发展水平进行评价。对于 EF 研究，Mrabet 等将生态足迹作为环境恶化的一项指标，并且结合其他的如二氧化碳排放量等指标对环境库兹涅茨曲线（EKC）进行论证①；Hanna 等采用生态足迹模型对全球农业生态系统进行了分析，并对其重要性进行了评价②；赵先贵等通过构建可持续发展定量评价的新指标体系，完善可持续发展评价法③；陈晨等对生态足迹模型进行改进，并运用“生态可持续指数”分析区域生态可持续利用程度④；杨丹荔等在生态足迹研究方法的基础上，综合运用生态压力指数、生态可持续指数等多种指数研究方法开展评价研究⑤。HDI 是由联合国开发计划署于 1990 年推出的，替代单一 GDP 指标成为科学衡量世界各国社会经济发展程度的一般标准。HDI 反映了人类发展过程中的基本需求，传达了经济发展不是唯一重心、经济社会协调发展才会提升人类发展水平等信息。⑥ 王圣云等在应用基尼系数和泰尔系数空间分解方法，对中国人类福祉的地区差距进行空间分解和比较分析的基础上，以 HDI 和 HDI 的基尼系数为被解释变量，从省级和全国两个层面对其影响指标进行回归分析，探究影

---

① MRABET Z，ALSAMARA M. Testing the Kuznets Curve Hypothesis for Qatar：A Comparison between Carbon Dioxide and Ecological Footprint [J]. Renewable and Sustainable Energy Reviews，2017（70）：1366－1375.

② HANNA S H S，OSBORNE－LEE I W，CESARETTI G P，et al. Ecological Agro－ecosystem Sustainable Development in Relationship to the other Sectors in the Economic System，and Human Ecological Footprint and Imprint [J]. Agriculture and Agruculture Science Procedia，2016（08）：17－30.

③ 赵先贵，肖玲，马彩虹，等. 基于生态足迹的可持续评价指标体系的构建 [J]. 中国农业科学，2006（06）：1202－1207.

④ 陈晨，夏显力. 基于生态足迹模型的西部资源型城市可持续发展评价 [J]. 水土保持研究，2012（01）：197－201.

⑤ 杨丹荔，罗怀良，蒋景龙. 基于生态足迹方法的西南地区典型资源型城市攀枝花市的可持续发展研究 [J]. 生态科学，2017（06）：64－70.

⑥ 张美云. 人类发展指数研究前沿探析及未来展望 [J]. 改革与战略，2016（07）：33－36，118.

响人类福祉变化及其地区差距的主要因素①；靳友雯等在考核经济发展的基础上，又引入了健康和教育指标，较之单纯地以 GDP 为指标来考量社会发展，是更为全面、更能反映社会发展的真实状况的②。但是，也有学者发现目前广泛使用的 EF 和 HDI 等可持续性指数不能从社会、经济和环境 3 个维度综合地反映人类—环境系统可持续性③，利用可持续性指标体系和可持续性指数均难以快速、全面地评价“人类—环境”系统可持续性④。为此，有学者通过开展能值分析对可持续发展进行研究。能值分析是 20 世纪 80 年代，Odum 在能量系统分析基础上创立的能值理论。该理论以太阳能值为统一度量标准，进一步完善了资源环境承载力评价方法，从而大大促进了对自然系统和经济系统能量研究的发展。⑤ 能值分析理论就是将所研究的系统中不同种类、不同来源，本来互相无法进行比较的能量进行单位的统一化。在能值分析理论中，系统中经济、资源环境等要素均以太阳能值作为统一衡量标准，克服了传统方法的局限性，为资源合理利用以及资源环境价值评估提供了度量标准和科学依据，因而被广泛用于不同尺度的生态经济系统分析与模拟、国际贸易评估、资源环境的管理与研究等领域。⑥ George 等在分析大气数据的基础上，认为空气污染与能源消费密切相关，能源大量消耗、机动车尾气排放是造成城市空气劣于乡村空气的主要原因。⑦ Ewing 等在对所有能源种类进行分析的基础上，认为煤炭燃烧过程中释放的污染物是空气污染最大能源；石油燃烧除了污染空气外，在加工的过程中还会对水质产生影

---

① 王圣云，罗玉婷，韩亚杰，等. 中国人类福祉地区差距演变及其影响因素——基于人类发展指数（HDI）的分析［J］. 地理科学进展，2018（08）：1150－1158.

② 靳友雯，甘霖. 中国人类发展地区差异的测算［J］. 统计与决策，2013（13）：11－14.

③ GIANGIACOMO B. The Human Sustainable Development Index：New Calculations and a First Critical Analysis［J］. Ecological Indicators，2014（37）：145－150.

④ 李经纬，刘志锋，何春阳，等. 基于人类可持续发展指数的中国 1990—2010 年人类—环境系统可持续性评价［J］. 自然资源学报，2015（07）：1118－1128.

⑤ 彭建，刘松，吕婧. 区域可持续发展生态评估的能值分析研究进展与展望［J］. 中国人口·资源与环境，2006（05）：47－51.

⑥ LU H，ZHENG Y，ZHAO X，et al. A New Emergy Index for Urban Sustainable Development［J］. Acta Ecologica Sinica，2003（07）：1363－1368.

⑦ HONDROYIANNIS G，LOLOS S，PAPAPETROU E. Energy Consumption and Economic Growth：Assessing the Evidence from Greece［J］. Energy Economic，2002（04）：319－336.

响。[①] Masih认为技术进步对于解决能源消费引起的环境问题会起到激励或约束的关键作用。[②] 张军民等借助能值理论及分析方法，对玛纳斯河流域—绿洲生态系统组成、结构、功能及生态耦合的理论、方法及机制进行了理论构建。[③] 但是能值分析方法在实施过程中也存在一些问题，主要包括能值转换具有一定的复杂性，能值流图在绘制过程中还没有较为科学统一的规范，能值计算过程中对所研究对象以及区域的动态性分析不足等。

（二）耦合关系评价

资源环境与经济社会发展耦合关系评价是以资源环境承载力系统属性，即要素相互关系作为承载客体的评价。随着承载力研究的深入，人们逐渐发现，无论是对单要素资源环境承载力评价，还是对人类经济社会活动最大支撑规模评价，都始终围绕资源环境对人类经济社会发展活动约束性评价开展研究，无论是从资源生产力、环境容量、环境评价的角度，还是从资源环境脆弱性、预警性等角度分析，都是在研究资源环境与人类经济社会发展之间相互矛盾的基础上寻找阈值的过程。但是，经济社会发展不能总是在资源环境条件许可与禁止的摇摆中进行，对于生态文明的衡量是要对“自然、经济、社会”这个复杂巨系统的运行寻求“满意解”，而核定是不是“满意解”就要看是否实现了真正的、健康的、理性的发展；是否维持了环境与发展之间、效率与公平之间、当代与后代分配资源之间的平衡等。[④] 为此，人们认为资源环境承载力研究受到特定时期和特定区域的资源环境条件、发展水平、人口数量及素质、产业结构、科技水平及政策环境等多种因素影响[⑤]，进而从系统属性角度出发进一步拓展了承载力的概念和内涵，将资源环境承

① EWING R C，RUNDE W，ALBRECHT－SCHMITT T E. Environmental Impact of the Nuclear Fuel Cycle：Fate of Actinides [J]. MRS Bulletin，2010（11）：859－866.

② MASIH. On the Temporal Relationship between Energy Consumption，Real Income and Prices：some New Evidence from Asian Dependent NICs based on a Multivariate Cointegration Vector Error－correction Approach [J]. Journal of Policy Modelling，1997（04）：417－440.

③ 张军民，张建龙，马玉香. 玛纳斯河流域—绿洲生态耦合的理论、方法及机制研究 [J]. 干旱区资源与环境，2007（06）：7－11.

④ 牛文元. 生态文明的理论内涵与计量模型 [J]. 中国科学院院刊，2013（02）：163－172.

⑤ 卢小兰. 中国省域资源环境承载力评价及空间统计分析 [J]. 统计与决策，2014（07）：116－120.

载力看作在确保资源合理开发利用、生态环境系统良性循环和区域可持续发展的前提下，在一定的时间和区域范围之内，资源环境系统所能承载的人口规模和社会经济总量[①]，或是人类生存和经济社会发展的功能适应程度及规模保障程度[②]。其评价又以复合生态经济系统评价较为典型。

复合生态经济系统是指在一定区域范围内，环境、资源、经济、社会等要素通过某种特定的组合方式复合而成，基于系统要素之间的物质流、能量流、价值流及信息流之间相互耦合而形成的具有独特时空结构和演化轨迹的复杂巨系统。Kenneth 指出，生态系统与经济社会系统构成了耦合关系较为复杂的“生态—经济”复合系统。[③] 而这一系统的实质是以人为主体的生命与其栖息劳作的环境、物质生产环境及社会文化环境之间关系的系统发展。协调发展是一个系统耦合、从无序走向有序的过程，是复合系统中各子系统在发展演化过程中的和谐共生关系的体现[④]，着眼于系统协调特性的研究是复杂生态经济系统的核心内容。因此，从系统协调的角度看，复合生态经济系统呈现由无序向有序的协调发展状态，对其进行的评价也可以看作在考虑各种自然生态、技术物理和社会文化因素的耦合性、异质性和多样性的基础上，对生态经济系统的和谐状态水平进行的评价。从国外研究来看，Laura 等综合运用环境政策学、环境信息学、水生态学等学科理论与方法对秘鲁水资源进行综合管理[⑤]；Rees 等提出通过生态经济学和生态足迹分析替代传统发展概念框架，认为人类的安全取决于自然和谐公平发展而不是经济增长[⑥]；Dinda 研究发现生态环境与经济发展呈现倒 U 型环境库兹涅茨曲线[⑦]；Lee 等认为多因素影响下的生态系统自组织模式更加复杂，并通过设置不同

---

① 邓伟. 山区资源环境承载力研究现状与关键问题［J］. 地理研究，2010（06）：959－969.

② 邱东. 我国资源、环境、人口与经济承载力研究［M］. 北京：经济科学出版社，2014.

③ 胡宝清，严志强，廖赤眉，等. 区域生态经济学理论、方法与实践［M］. 北京：中国环境科学出版社，2005.

④ 程长林，任爱胜，王永春，等. 基于协调度模型的青藏高原社区畜牧业生态、社会及经济耦合发展［J］. 草业科学，2018（03）：677－685.

⑤ EDA L E H，CHEN W. Integrated Water Resources Management in Peru［J］. Procedia Environmental Sciences，2010（01）：340－348.

⑥ REES W E. An Ecological Economics Perspective on Sustainability and Prospects for Ending Poverty［J］. Population & Environment，2002（01）：15－46.

⑦ DINDA S. Environmental Kuznets Curve Hypothesis：a Survey［J］. Ecological Economics，2004（04）：431－455.

因素对佛罗里达州的水生态系统进行了研究，发现外部因子随着时间推移对系统的影响会逐渐减弱[①]；David 等提出只有提升人类信息知识系统与生态系统的耦合度，才能推动人口系统与生态系统的协调发展的发展思路[②]；Hayha 等通过分析资源、环境、人口及社会构成的复杂系统，综合探讨了生态系统发展的评价方法，并提出要关注经济的快速发展，注重环境成本、边际利益及后期影响[③]；Ngcobo 等结合 CAS 理论，在对非洲南部地区水资源系统与当地的气候变化、土地利用及社会发展水平之间的关联程度分析基础上，阐明了水资源系统的复杂性及时空维度的敏感性，进而提出对策建议[④]；Ceddia 等利用系统蔓延模型分别从宏观与微观层面对全球经济系统与生态系统间的交互作用机制进行探讨，剖析了两个系统之间的传播效应，对系统间的适应性进行了实证分析[⑤]。从国内研究来看，较多的是基于耦合协调度趋势研究方法，对区域生态经济系统耦合协调度水平进行评价。[⑥] 钟霞等构建“旅游—经济—生态环境”评价指标体系，综合利用主成分分析法和耦合协调度建模法，对广东省 21 个市的旅游、经济、生态环境的耦合协调度进行了定量分析。[⑦] 尹新哲等构建生态与经济系统耦合发展的指标体系、评价模型与识别标准，并以资源与环境为约束条件，分析了“区域生态农业—生态旅游业”系统耦合机制与调控路径，揭示了生态要素与经济要素耦

---

① LEE S，BROWN M T. Understanding Self－organization of Ecosystems under Disturbance Using a Microcosm Study [J]. Ecological Engineering，2011 (11)：1747－1756.

② DAVID T，CHABAY I. Coupling Human Information and Knowledge Systems with Social－ecological Systems Change：Reframing Research，education，and Policy for Sustainability [J]. Environmental Science & Policy，2013 (28)：71－81.

③ HAYHA T，FRANZESE P P. Ecosystem Services Assessment：A Review under an Ecological－economic and Systems Perspective [J]. Ecological Modelling，2014 (289)：124－132.

④ NGCOBO S，JEWITT G，STUART－HILL S，et al. Impacts of Global Change on Southern African Water Resources Systems [J]. Current Opinion in Environmental Sustainability，2013 (06)：655－666.

⑤ CEDDIA M G，BARDSLEY N O，GOODWIN R，et al. A Complex System Perspective on the Emergence and Spread of Infectious Diseases：Integrating Economic and Ecological Aspects [J]. Ecological Economics，2013 (07)：124－131.

⑥ 王介勇，吴建寨. 黄河三角洲区域生态经济系统动态耦合过程及趋势 [J]. 生态学报，2012 (15)：4861－4868.

⑦ 钟霞，刘毅华. 广东省旅游—经济—生态环境耦合协调发展分析 [J]. 热带地理，2012 (05)：568－574.

合关系。[①] 张胜武等研究了石羊河流域城镇化与水资源环境系统耦合演化过程，分析了生态、经济、城镇化 3 个子系统间能量、物质、信息、价值的交互作用与系统耦合机制。[②] 杨忍等通过构建县域层面的人口、土地、产业非农化转型指标体系，利用耦合协调模型和相关数据资料，对环渤海地区县域尺度的人口、土地、产业非农化转型耦合协调演化时空格局进行系统研究。[③] 另外，还有通过构建生态系统服务价值（Ecosystem Services Value，简称 ESV）、生态经济协调度（Ecological Economic Harmony，简称 EEH）模型指数等对复合生态经济系统进行分析。

三、绿色发展理念下资源环境承载力分析方法

系统科学分析方法，是按照客观事物本身的系统性，把研究对象放在系统的形式中加以科学考察的方法，即把研究对象作为一个有一定组成、结构与功能的整体，从系统的观点出发，通过分析整体与部分（要素）之间、整体与外部环境之间、部分（要素）与部分（要素）之间的相互作用和相互制约关系，综合地、精确地、动态地考察对象，求得整体功能最佳的科学方法。它的显著特点是整体性、综合性、联系性、动态性和最佳化。[④] 通过分析可以对系统内部之间的相互关系、运行态势和发展程度进行研究，进而对包括自然生态圈与人类圈在内的整个系统的运行状态进行动态的、过程式模拟评价。基于绿色发展理念围绕承载力系统的协调性、关联性、系统性等特点开展研究的系统分析方法主要有熵值法、耦合协调分析法、灰色关联分析法等。

---

① 尹新哲，杨红，任珏珑. 生态农业——生态旅游业耦合产业混合经济产出的最优化设计及评估 [J]. 统计与决策，2011 (05)：78-80.

② 张胜武，石培基，王祖静. 干旱区内陆河流域城镇化与水资源环境系统耦合分析——以石羊河流域为例 [J]. 经济地理，2012 (08)：142-148.

③ 杨忍，刘彦随，龙花楼. 中国环渤海地区人口—土地—产业非农化转型协同演化特征 [J]. 地理研究，2015 (03)：475-486.

④ 蔡琳. 系统动力学在可持续发展研究中的应用 [M]. 北京：中国环境科学出版社，2008.

（一）熵值法

熵值法中的“熵”一词由德国物理学家克劳修斯于1865年提出，被用于表示物质系统中能量衰竭程度的量度。[①] 熵值法是系统论耗散理论的重要内容，可以通过熵值法对各指标在系统内部的主要影响程度进行更为客观的分析。信息熵基于概率和数理统计的方法能使多维度的信息被量化和综合，在分析复杂系统和不确定性问题方面具有优势。将耗散结构理论与信息熵方法相结合判定城市生态系统的演化方向与可持续发展成果较丰富。[②] 学者们运用该方法对地区生态环境承载力水平、可持续发展能力、人居环境质量、绿色经济发展综合水平、国土空间综合水平、地区循环经济发展等涉及经济社会发展的诸多方面开展研究，应用范围较广，涉及内容较为丰富。特别是在“生态—经济”系统研究中，学者们在构建起模型的基础上，运用熵值法对指标的权重进行测算，作为相关研究的一项基础工作。熵值法是根据数据的离散程度确定权重的一种方法，能够避免主观人为的干扰[③]，深刻地反映出指标信息熵值的效用价值，其给出的指标权重值能够最大限度地消除专家的主观因素，比德尔菲法和层次分析法有较高的可信度。同时，在具体的操作过程中学者一般都将熵值法和其他方法配合一起使用，如邵磊等运用熵值法和主成分分析法对地区水资源承载力水平进行评价[④]；成琨等基于云模型构建了黑龙江省水资源承载力评价指标体系，并对承载力进行熵值计算[⑤]；王玉梅等将此应用到复合生态系统领域，从“人—海”生态整体视角，分析了海洋生态系统的耗散结构特征，并依据熵值法构建了“海洋生态系统演化

---

① 任海军，曹盘龙，张爽．基于熵值法的生态社会评价指标体系研究——以我国西部地区为例［J］．华东经济管理，2014（05）：71－76．

② 王龙，徐刚，刘敏．基于信息熵和GM（1，1）的上海市城市生态系统演化分析与灰色预测［J］．环境科学学报，2016（06）：2262－2271．

③ 戴明宏，王腊春，魏兴萍．基于熵权的模糊综合评价模型的广西水资源承载力空间分异研究［J］．水土保持研究，2016（01）：193－199．

④ 邵磊，周孝德，杨方廷．基于熵权和主成分分析水资源承载能力评价分析［J］．山东农业大学学报（自然科学版），2011（01）：129－134．

⑤ 成琨，付强，任永泰，等．基于熵权与云模型的黑龙江省水资源承载力评价［J］．东北农业大学学报，2015（08）：75－80．

指标体系”，并对海洋生态系统的演化趋势进行了熵变分析[①]。

（二）耦合协调分析法

经济系统与生态系统之间存在着物质、能量和信息的循环与转换，也存在着交互耦合的关系。[②] 系统耦合是指两个或两个以上性质相近的系统，在一定条件下，通过能流、物流和信息流的超循环，结合成一个新的、高一级的结构功能体。对于资源环境承载力这一复杂系统而言，内部各子系统之间的反馈机制共同维持着整个系统的协同耦合发展。[③] 系统耦合属于协同学的研究范畴，协同学是关于系统内诸子系统相互合作、相互作用的规律的科学，研究的是各子系统之间以及各系统内部构成要素之间相互影响、相互作用，耦合成的具有一定有序性、一定比例关系、排列方式和结构形式的，处于动态演化发展的综合运行状态或方式。[④] 资源环境与社会经济同时具有自然属性和社会属性，受自然规律和客观经济规律双重制约与支配[⑤]，两者组成的复合系统是一个典型的非平衡、开放的自组织系统，呈现出从简单到复杂、从低级到高级、从无序到有序的自组织过程。为此，基于绿色发展理念由资源、环境、经济、社会、人口等多个系统构成的资源环境承载力系统，符合协同学所研究的系统性质。因此，借助系统耦合可以对系统的绿色发展水平的整体性、一致性、和谐性等特征进行描述，进一步对区域资源、环境、社会发展耦合系统中子系统间及其各构成要素之间所呈现出的合作、同步、发展等复杂关系，对资源环境与经济社会构成的有机体的和谐有序协调发展水平，以及这些关系驱使下耦合系统具有的结构与状态进行分析评价。其中，耦合度和耦合协调度是两个重要的衡量指标。耦合度可以用来描述系

---

① 王玉梅，王啸，张舒，等. 基于信息熵的区域人海复合生态系统可持续发展分析 [J]. 水土保持研究，2018 (03)：332－338.

② 单海燕，杨君良. 长三角区域生态经济系统耦合协调演化分析 [J]. 统计与决策，2017 (24)：128－133.

③ 樊胜岳，周立华，赵成章. 中国荒漠化治理的生态经济模式与制度选择 [M]. 北京：科学出版社，2005.

④ 王玉芳. 国有林区经济生态社会系统协同发展机理研究 [M]. 北京：中国林业出版社，2007.

⑤ 杨玉珍. 中西部地区生态—环境—经济—社会耦合系统协同发展研究 [M]. 北京：中国社会科学出版社，2014.

统或系统内部要素之间的作用、彼此影响的程度，说明要素之间的关系强弱，但不能测定要素之间的关系是否存在由无序向有序方向发展的趋势；耦合协调度能够在分析系统之间相互关系的基础上，度量系统或系统内部要素之间在发展过程中彼此和谐一致的程度，分析系统由无序走向有序的发展趋势。[①] 因此，借助耦合协调度可以对系统的协调状态、有序发展状态进行测量。当前，耦合协调度主要应用在生态经济系统耦合研究中。例如，常玉苗基于资源、环境、经济、社会等各元素组成的耦合度评价指标体系测算出的耦合协调度模型对资源环境与生态经济的耦合度进行评价[②]；刘定惠等基于空间变异和距离的耦合协调性测度等数理统计的方法，计算变异系数、耦合协调系数，反映系统内部的变异程度，进而计算出生态环境与经济发展的耦合协调度水平[③]；樊杰等基于序列动态变化的耦合协调性测度，通过微分方法反映序列时间或空间的动态变化，并通过运用序参量功效系数测度协调度[④]；赵涛等基于模糊理论对“资源—环境—经济”系统的耦合协调性进行测算，提出因为系统要素之间的联系较为复杂，协调发展具有模糊特性和动态特性，适宜采用模糊数学的方法计算耦合协调度[⑤]。总之，耦合协调度模型原理清晰、操作简便，成为研究生态、经济、社会、人口等构成的系统的协调度的重要方法。

（三）灰色关联分析法

对于资源环境承载力来说，涉及资源、环境、经济社会、人类活动等诸多子系统和要素，它们之间是相互联系、相互影响的关系。基于绿色发展理念的系统分析不仅要研究整个系统的有序发展程度，还要分析系统内部要素

---

① 熊建新，陈端吕，彭保发，等. 洞庭湖区生态承载力系统耦合协调度时空分异［J］. 地理科学，2014（09）：1108—1116.

② 常玉苗. 水资源环境与城市生态经济系统耦合模型及评价［J］. 水电能源科学，2018（02）：55—58，27.

③ 刘定惠，杨永春. 区域经济—旅游—生态环境耦合协调度研究——以安徽省为例［J］. 长江流域资源与环境，2011（07）：892—896.

④ 樊杰，陶岸君，吕晨. 中国经济与人口重心的耦合态势及其对区域发展的影响［J］. 地理科学进展，2010（01）：87—95.

⑤ 赵涛，李晅煜. 能源—经济—环境（3E）系统协调度评价模型研究［J］. 北京理工大学学报（社会科学版），2008（02）：11—16.

之间、子系统之间的相互关联性，以此判断要素和子系统对整个系统的影响程度，以及系统内部关联性的强弱。灰色关联分析法是研究关联度的重要方法之一。灰色系统理论由中国学者邓聚龙于 1982 年创立，其中的灰色关联度分析法及灰色关联度，属于模糊学研究内容，是按照某种特定的评价标准或者比较序列，通过计算参考序列与各评价标准或比较序列的关联度大小，以该参考序列与各级比较序列的接近程度来评定该参考序列的等级，进一步说，就是评价对象与理想对象的接近程度，评价对象与理想对象越接近，其关联度就越大。[①] 由于各类系统中的许多概念既无明确外延，又无明确内涵，属于所谓的模糊概念，不能建立精确的模型对所研究的内容进行处理。随着系统复杂性的增加，做出关于系统行为的精确而有意义的陈述的能力将减弱，越过一定阈值，精确性和有意义（或适用）几乎成为相互排斥的特性。[②] 系统的复杂性使得精确分析计算的意义不再显著，而当精确描述只能得到无意义的结果时，精确方法就不再是科学的方法了。而生态经济结构是一个多因素的复杂系统，它具有明显的模糊性、随机性和信息不完全性，是一个典型的灰色系统。[③] 因此，对于资源环境承载力研究来说，由于要素间的联系较为密切，互相之间的很多反馈机制使得系统内部的边界并不是十分明显，一些问题产生的成因也并非能够运用精确计算就得以明晰，适宜采用灰色关联分析法对资源环境承载力内在要素的关联性加以评价。同时，灰色关联分析法是以实测的样本为依据，采用灰色关联度来描述和判断两组数列间的关联程度，克服了传统评价方法中主观随意性大的缺点，具有对数据要求低且计算量小、便于广泛应用的特点，可为资源承载力评价提供一条直观有效的分析途径[④]。因此，该方法广泛地应用于资源环境承载力的研究领域。例如，陆伟锋等综合利用灰色关联分析法与熵值法对江西省生态文明水

① 刘思峰，杨英杰，吴利丰. 灰色系统理论及其应用［M］. 7 版. 北京：科学出版社，2014.

② 苗东升. 系统科学精要［M］. 4 版. 北京：中国人民大学出版社，2016.

③ 门可佩，张鹏. 江苏省农业生态经济结构的灰关联分析［J］. 江苏农业科学，2011（03）：611-612.

④ 康艳，宋松柏. 水资源承载力综合评价的变权灰色关联模型［J］. 节水灌溉，2014（03）：48-53.

平综合评价[①]；石震等运用灰色关联和秩相关对绿色经济评价指标客观数据进行双重筛选后，构建了符合绿色经济发展理念的指标体系[②]；陈静运用灰色关联分析法和物质流分析法，对区域生态经济系统的物质输入与输出进行了协调性分析[③]；孙步忠等从评价者对生态经济评价趋优考虑的角度，构建趋优融合下的灰色关联分析模型，对江西省各地市的生态经济综合指数进行动态评价研究[④]。

熵值法、耦合协调分析法、灰色关联分析法都是在对资源环境承载力系统属性进行分析的过程中用到的系统分析方法。其中，熵值法是系统论耗散理论的重要内容，可以对各指标在系统内部的主要影响程度进行更为客观的分析，可以对承载力评价指标体系的权重进行计算；耦合协调分析法能够对系统内部的协调程度，以及系统整体的有序发展水平进行计算和评价；灰色关联分析法，能够对系统内部各要素、各子系统对于系统整体水平的影响程度进行计算和评价。

四、文献评述

本章通过对绿色发展理念沿革和内涵、绿色发展理念下资源环境承载力评价及评价方法等内容进行文献综述，发现当前对于资源环境承载力评价研究主要呈现如下特点。

（1）从研究方向上看，当前，资源环境承载力研究越来越注重将资源环境与经济社会作为一个有机整体进行看待，关注于通过系统科学的相关理论和方法，寻求资源环境承载力问题解决的新思路新途径。因此，基于绿色发展理念的系统属性的资源环境承载力问题研究已经成为当前承载力研究的主

---

① 陆伟锋，刘彦宏，涂国平，等．“均衡发展”视角下生态文明发展水平评价研究——以江西省为例［J］．生态经济，2017（10）：214－220．

② 石震，李战江，刘丹．基于灰关联—秩相关的绿色经济评价指标体系构建［J］．统计与决策，2018（11）：28－32．

③ 陈静．区域生态经济系统物质流量协调性分析［J］．湖北农业科学，2014（23）：5888－5891．

④ 孙步忠，范恒，黄士娟，等．基于趋优融合灰色熵权法的生态经济综合指数动态评价——以江西省为例［J］．生态经济，2017（12）：77－82．

要方向。但鉴于不同学者都从各自角度提出资源环境承载力的概念和内涵，使得研究内容和研究结果较为分散，没有构成一个完整的理论体系，需要在分析绿色发展理念下的资源环境承载力要素互动关系的基础上，形成较为统一的理论体系。

（2）从评价指标体系的构建上看，现象研究较多而机理分析不足。对于资源环境承载力系统的研究必须基于绿色发展理念从系统整体角度分析要素耦合机理，才能揭示系统要素协同演进的本质。目前，对资源环境承载力系统要素构成的研究较多，虽然注重探究指标的合理性和全面性，但是对承载力内在绿色发展机理分析较少，特别是没有深入探究资源环境与经济社会之间深层次的作用机理。例如，对于绿色发展理念下资源环境承载力系统是如何运行的，资源环境与经济社会发展之间的连接纽带到底是什么，相互之间是如何产生的不协调、不和谐的状态等研究不够深入，这就使得实践中缺乏具有操作性的理论指导。

（3）从研究的方法上看，研究方法组合有待进一步创新。学者们大多采用静态评价指标来评价资源环境承载力系统的安全状态，而静态评价不能准确反映资源环境承载力的动态变化特征，也难以把握资源环境承载力系统演变的一般规律，促进生态经济地区资源合理开发利用，协调生态经济地区社会系统、经济系统、生态系统之间关系，进而对资源环境功能协调、层次有序和动态反馈考虑不足。动态评价方法也由于受到研究对象和指标的限制，在综合各类要素的资源环境承载力问题研究领域中应用不多，再加上各种研究方法不可能完全达到这些效果，还需要结合区域发展实际情况，创建系统分析研究的新框架、新方法组合和新技术措施来弥补这些不足。

综上所述，对于资源环境承载力的研究无论是从系统论理论层面来看，还是从方法论层面来看，都是把人和自然、社会与环境作为自组织系统的内生变量，从整体认知其作用状态和耦合过程。[①] 同时，不同区域的资源禀赋不同，有着特殊性和复杂性，为此需要进一步加强理论研究，完善资源环境承载力评价体系，建立能够反映资源环境本质、科学上有依据、技术上可行

① 樊杰，蒋子龙．面向“未来地球”计划的区域可持续发展系统解决方案研究——对人文—经济地理学发展导向的讨论［J］．地理科学进展，2015（01）：1-9.

的理论方法。因此，下一步，本书将注重结合区域发展实际情况，借鉴和引进新的思想理念和方法，深入研究绿色发展理念下系统的层次结构分析及系统内部的联系机制，深入分析资源环境承载力系统的耦合机理和演化趋势，进一步构建更加科学有效的评价指标体系，创建新研究框架、新方法组合，从而对绿色发展理念下资源环境承载力进行综合评价和系统分析。

第 三 章

DISANZHANG

基于绿色发展理念的资源环境承载力评价和系统分析理论基础

通过对绿色发展相关理念沿革和内涵、资源环境承载力评价以及分析方法进行文献综述发现，随着经济社会发展的深入和需要，人们对资源环境承载力的评价已经由对其所能容纳生物种群最大规模的自然属性评价，发展到对其支撑经济社会发展水平的社会属性评价，再到对体现资源环境与经济社会相互关系的系统属性评价。而基于绿色发展理念的系统属性的资源环境承载力内部要素间耦合关系的研究是对资源环境承载力更深层次的理解和认知。因此，对资源环境承载力评价的理解，不能只停留在对其评价生物种群规模、支撑经济社会发展水平层面，还要注重对经济社会发展规律与自然生态发展规律之间耦合关系的评价，对人与自然和谐共生实现绿色可持续发展关系的评价。为此，就需要首先弄清资源环境承载力系统内部要素之间的互动关系和驱动机制。由于资源环境承载力问题产生的根源在于资源环境已经成为人类社会发展的一部分，参与到经济社会发展互动过程中，在满足人类各种需求的同时，推动经济社会发展，因此，对资源环境承载力内在要素互动关系的理解和把握也应当将其置身于整个社会发展运行规律中进行考虑分析。为此，本章首先借助社会动力学模型对资源环境承载力内部要素间的耦合关系及驱动机制进行分析，并对社会动力学模型进行修正，在此基础上基于绿色发展理念 WSR 系统方法论构建资源环境承载力“三螺旋耦合”模型。

一、社会动力学模型

钟义信从“科学—技术—经济—社会”的互动机制角度出发，认为科学、技术、经济、社会这些概念以及它们所代表的实体之间是密切联系、互相作用、互相影响、互相制约的，形成了一个事实上不可分割的有机整体。① 这个模型如图 3.1 所示，将社会不断提出的改善人类生存和发展的需求作为整个社会动力的出发点，各要素构成的互动关系本质上看都是为了实现这一社会需求而进行的。社会需求的存在，便进一步引导了科学研究的方向，即要朝着满足社会需求的方向发展。科学研究的成果是获得科学理论，科学理论要想满足社会需求、改变世界还需要转变为可操作的技术。技术的进步带来的是各种各样新的生产工具，人们通过掌握各种新的生产工具，进一步提高劳动效率和劳动者素质，进而孕育出新的社会生产力。新的生产力的出现同时伴随着对旧有生产关系的改造，而随着新的生产力与新的生产关系的建立，新的经济形态问世，由劳动者源源不断地创造出各种各样的新的社会物质财富和精神财富，满足社会需求。原有的需求满足了，新的社会需求又产生出来了，于是又进入新一轮的“科学—技术—经济—社会”互动过程（外圈），如此往复向前，使得科学、技术、经济的运动有了方向、目的和前提，成为有意义的运动，进而推动社会不断向前发展。

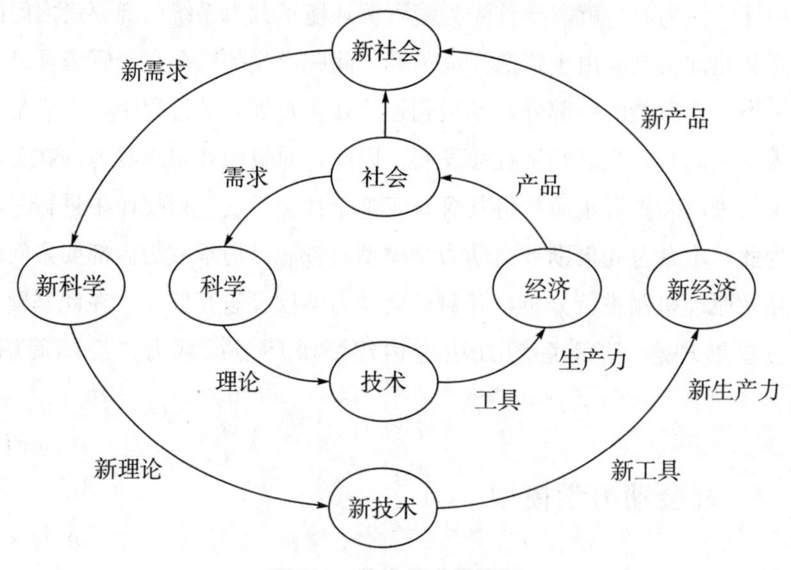

图 3.1　社会动力学模型

社会动力学模型作为一个开放的演进过程，一圈接着一圈，一轮跟着一轮，虽然每一圈的互动机制都是相同的，但是每个圈的发展水平都比里面一

① 钟义信. 社会动力学与信息化理论［M］. 广州：广东教育出版社，2007.

圈的发展水平要高一个层次，这便是一个典型的“螺旋式上升”的进化过程。该模型不仅体现了“科学—技术—经济—社会”的互动关系，更重要的是呈现了生产力推动经济社会发展的一般过程。通过应用社会动力学模型，可以对经济社会发展的一些复杂问题、可持续发展的相关理论有一个更加清晰准确的把握。

二、改进的社会动力学模型

或许由于社会动力学模型简化的缘故，该模型中有体现劳动者意志的社会要素，有反映生产工具的科学技术要素，但是对于生产力所包含的劳动者、劳动对象和生产工具三要素来说，缺少反映劳动对象的要素。如果能够在模型中增加反映劳动对象的要素将能够更加全面地呈现生产力推动经济社会发展的动力学模型，更能够解释可持续发展的相关理论。从经济社会发展的互动过程来看，当产生了社会需求进而促进科学技术产生之后，人们采用新的生产工具主要是对资源环境的改造。正是对资源环境进行的改造才产生了新的生产关系和经济形态，进而产生了新的物质和精神产品，不断满足社会需求。因此，在社会动力学模型中增加代表劳动对象的资源环境要素，符合经济社会发展的运行规律，更加明确地展现了生产力推动经济社会发展的全貌，特别是更加清晰地解释了可持续发展的相关思想。为此，本书在原有模型中增加了反映劳动对象的资源环境要素，在反映生产力推动经济社会发展的基础上，进一步呈现资源环境参与经济社会发展的互动关系，资源环境在满足人类社会需求、推动人类社会发展进步过程中发挥的重要作用。这其中需要进一步说明的是增加了“资源环境”要素之后，在社会动力学模型的发展过程中，会产生“新资源环境”，主要是由于经过一次循环之后，在科学技术的促进下，人们深化了对资源环境的了解和认识，提高了资源环境的利用效率，加强了对资源环境的改造，这些都使得资源环境较之前有了新的发展变化，都属于“新资源环境”的范畴。图 3.2 便是增加资源环境要素后的社会动力学模型。

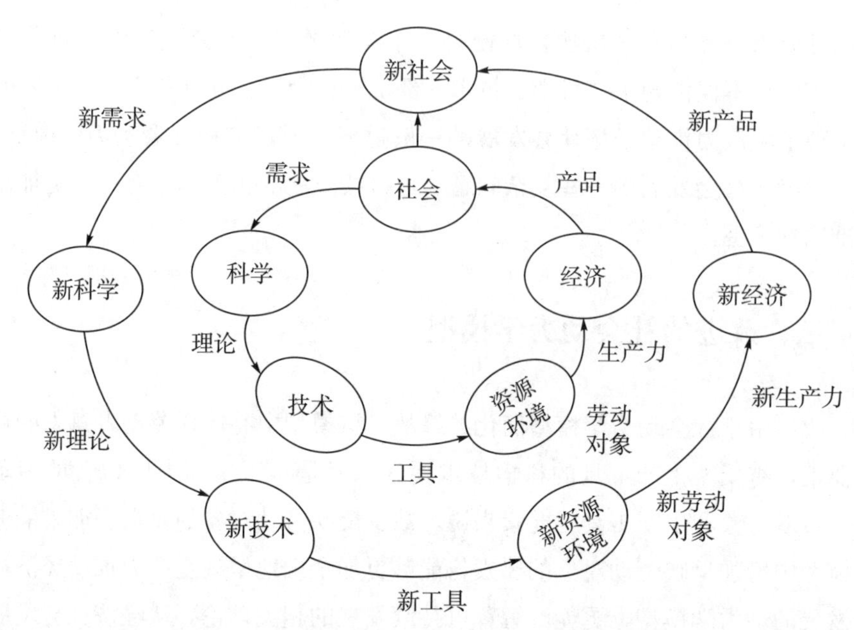

图 3.2 增加资源环境要素后的社会动力学模型

增加了资源环境要素之后的社会动力学模型更加全面地诠释了生产力推动经济社会发展的一般过程。此时，资源环境成为社会发展的要素参与到经济社会发展的循环流转中，其对整个经济社会发展的承载作用，与经济社会各要素之间的互动关系逐渐显现，资源环境承载力问题由此产生。正是由于科学技术作用于资源环境，对资源环境加以利用改造，才产生了新的经济形态和新产品，进而满足社会需求，促进人类经济社会发展。资源环境是这个互动过程中的重要一环，是保证这一互动过程顺利运行的物质基础。缺少资源环境，社会需求就无从满足，没有资源环境参与的生态经济系统是不存在的。而随着社会需求的不断增加、科学技术的进一步发展，不加限制地对资源索取，必然造成资源紧缺，加重对环境的破坏和污染，进而不能满足社会发展需求，对社会发展造成限制。面对这种情况，一方面，社会发展不会停止，仍然需要科学技术改造利用资源满足人类需求，促进经济社会发展；另一方面，社会需要调整需求，使需求能够符合自然生态休养生息的客观规律，同时，利用科技管理手段，加大对资源环境的保护，可以提高资源环境的利用效率，实现资源环境与经济社会的和谐有序协调发展。因此，资源环境参与下的社会动力学模型的运行过程不可能是“一帆风顺”的，存在着资源环境条件的允许与制约，人类对资源环境利用改造和治理保护的相互转换，致使模型继续呈现一定程度的螺旋式上升的发展趋势。另外，随着全社会对科学知识转化为现实生产力的需求越来越紧迫，科学与技术之间的联系越来越密切。当前，人们已经很难完全将科学和技术分开。本书便将科学与技术合并成一个要素。同时，经济本身就属于社会运行的一部分，社会产生需求和经济发展满足需求可以看作是经济社会这一子系统内部的循环过程，相对于科学技术、资源环境而言，社会和经济可以看作是一个子系统。本书也将社会与经济合并成一个要素，进而将增加了资源环境要素的社会动力学模型进一步优化为如图 3.3 所示的改进的社会动力学模型。

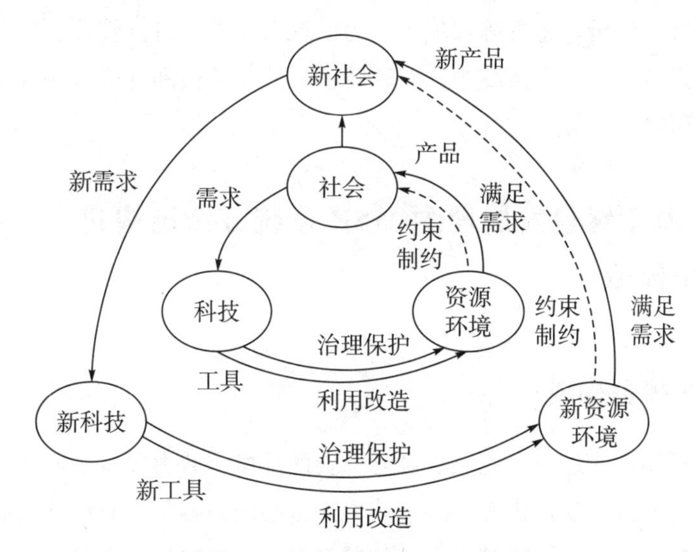

图 3.3　改进的社会动力学模型

资源环境承载力是连接社会系统、环境系统与经济系统之间的纽带，是协调人口、资源与环境这一相互联系又彼此相对独立的矛盾统一体的关键所在。[①] 这一改进的社会动力学模型可以看作是对资源环境承载力内涵本质的理解和把握。而在这一系统运行过程中，社会需求的合理化程度、科技管理的能力水平，以及资源环境自身的生态水平是构成整个资源环境承载力系统的三个核心要素，正是这三个核心要素相互联系、相互影响、相互作用，反

---

① 刘文政，朱瑾. 资源环境承载力研究进展：基于地理学综合研究的视角 [J]. 中国人口·资源与环境，2017 (06)：75—86.

映出生产力促进经济社会发展的基本规律，才使得资源环境承载力成为反映人类与环境相互作用的界面[①]，成为反映资源环境和经济社会活动关系程度的科学度量概念[②]。至此，基于改进的社会动力学模型探究资源环境承载力系统内要素间的互动关系和驱动机制，与体现顺应自然、促进人与自然和谐共生的发展，回归价值理性与工具理性统一的发展，人与自然构成系统内部的动态平衡协调有序发展内涵同绿色发展理念是一致的，进而对绿色发展理念下的资源环境承载力内涵实质有了更加准确的把握。但是为了能够更加清晰地理解资源环境承载力的具体内容，并应用理论对资源环境承载力水平进行综合评价和系统分析，还需要进一步运用系统方法论对资源环境承载力的相关内容进行分析，将资源环境承载力的社会需求、科技管理、资源环境三个核心要素纳入同一个系统中，对其特征、演化阶段和评价方法等相关内容进行分析研究。

三、基于绿色发展理念 WSR 系统方法论构建“三螺旋耦合”理论模型

（一）模型构成

如前所述，通过对绿色发展理念下资源环境承载力要素之间互动关系和驱动机制的分析发现，资源环境承载力最核心的内容是在驱动社会需求、科技管理、资源环境三螺旋耦合上升的过程中，呈现出生产力促进经济社会发展的社会运行规律。因此，基于绿色发展理念对资源环境承载力进行概括的理论，既要能够反映生产力促进经济社会发展的基本规律，其构成要素又要能够对社会需求、科技管理、资源环境三个内涵进行解释。为此，可以借助 WSR 系统方法论构建绿色发展理念下资源环境承载力理论模型。20 世纪 80 年代，顾基发和朱志昌在钱学森、徐国志和李耀滋等学者的物理、事理等系

① 钟世坚. 区域资源环境与经济协调发展研究——以珠海市为例［D］. 长春：吉林大学，2013.

② 李扬，汤青. 中国人地关系及人地关系地域系统研究方法述评［J］. 地理研究，2018（08）：1655－1670.

统工程学思想研究的基础上，进一步发展出 WSR 系统方法论。[①] 物理，指涉及物质运动的机理，主要运用自然科学知识去回答“物”是什么的问题。事理，指做事的道理，主要解决如何去安排，通常运用运筹学与管理科学方面的知识来回答“怎么做”的问题。人理，指做人的道理，通常运用人文与社会科学的知识去回答“应当怎么做”或“最好怎么做”的问题。实际生活中处理任何事和物都离不开人去做，而判断这些事和物是否得当也得由人来完成。人理的作用可以反映在世界观、文化、信仰、宗教等方面，特别表现在人们处理一些事和物中的利益观和价值观上。物理、事理、人理三者的主要内容如表 3.1 所示。

表 3.1　WSR 系统方法论内容

项目	物理	事理	人理
对象与内容	客观物质世界	组织、系统 管理和做事的道理	人、群体、关系 为人处世的道理
焦点	是什么 功能分析	怎么做 逻辑分析	最好怎么做 人文分析
原则	诚实 追求真理	协调 追求效率	讲人性、和谐 追求成效
所需知识	自然科学	管理科学、系统科学	人文知识、行为科学

WSR 系统方法论注重从物理、事理、人理三个层面对系统进行解释和描述，而绿色发展理念下资源环境承载力所包括的资源环境、科技管理、社会需求三个核心内涵正好与 WSR 系统方法论所提出的物理、事理、人理相对应，可以用这三个方面对绿色发展理念下资源环境承载力的资源环境子系统、科技管理子系统、社会需求子系统进行解释。

(1) 物理—资源环境子系统。

物理，强调物质自身的自然属性。在资源环境承载力系统内，在绿色植物的光合作用下，生物系统的物质循环和能量流动得以启动，并在生物链的运动中实现了物质循环和能量流动，再加上人类行为的影响和干预，进一步

① 顾基发，唐锡晋. 物理—事理—人理系统方法论：理论与应用［M］. 上海：上海科技教育出版社，2006.

产生了资源环境的物质循环、能量流动以及空间分布，进而产生了资源存量、环境容量、生态恢复等各种极限问题，以及资源环境能够支撑生物种群的多样性和发展水平等问题。资源环境是整个资源环境承载力系统最基本的物质基础，反映的是系统本身的自然属性。优质的资源禀赋、良好的生态环境是绿色发展理念下资源环境承载力系统实现高质量耦合的基础。因此，可以用资源环境反映资源环境承载力系统物理层面的内容。另外，在实际的测量评价过程中，一般会通过对资源环境污染破坏承载水平的衡量来对资源环境本身的自然属性水平进行评价。为此，根据评价需要，在指标设计中会将资源环境子系统设置为污染破坏承载子系统。

（2）事理—科技管理子系统。

事理，强调如何有效组织管理系统这一社会属性，通过何种管理手段更加有效地发挥自然属性功能。在绿色发展理念下的资源环境承载力系统内，当社会产生需求后，便会通过科技作用于资源环境，进而产生新产品满足社会需求推动经济社会发展，而在这个过程中，如果对资源环境开发过度，又会造成资源紧缺、环境污染，进而对经济社会发展产生制约。面对这一问题，人们又会依靠科技手段，加大资源保护与环境治理的力度，提高资源环境利用率，积极寻找可替代资源，加快推进绿色经济发展，进而不断满足社会需求。因此，科技是组织资源环境与经济社会互动运行的重要手段，反映的是资源环境承载力系统事理层面的内容。同时，加强对资源环境、生产生活的有效管理，也是实现资源环境承载力系统协调有序发展的重要手段。人们积极主动地进行自我调控、规范社会需求，是在保证生态系统实现休养生息、循环发展的基础上，更好地为人所用。在人类经济社会发展的各个阶段，各类管理措施都对资源环境的保护和治理产生直接或间接的影响，是资源环境承载力提升的重要内容。因此，要在资源环境承载力系统内设置反映科学技术水平的科技管理子系统。

（3）人理—社会需求子系统。

人理，强调人的主观价值判断和具体行为，是对“物理”和“事理”的伦理认知。在绿色发展理念下的资源环境承载力系统内，社会需求是推动系统运行的逻辑起点，是触发社会运行发展的原动力。社会需求还在很大程度上影响了科技发展的水平，以及对资源环境所秉持的态度，并且集中反映在人们使用消费资源环境的具体行为中。在文化观念、教育程度、经济发展水平等多种因素的影响下，社会需求会做出调整，进一步转变对资源环境的态度，以及具体的使用消费行为。因此，在绿色发展理念下资源环境承载力系统内，社会需求就代表了人们对资源环境的价值判断，反映了资源环境承载力人理层面的内容。另外，人们的社会需求评价，更多地体现为具体的使用消费行为评价。为此，根据评价需要，在指标设计中会将社会需求子系统设置为使用消费子系统。

因此，基于 WSR 系统方法论实现了对绿色发展理念下资源环境承载力资源环境、科技管理、社会需求三个内涵的综合。基于 WSR 系统方法论可以构建如图 3.4 所示的绿色发展理念下资源环境承载力理论模型。

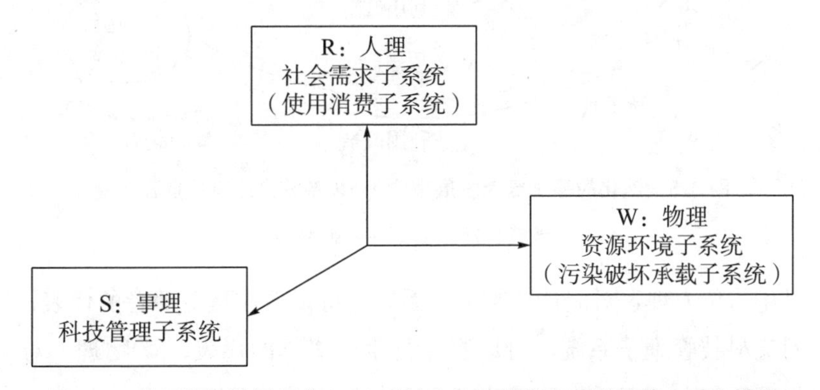

图 3.4　基于绿色发展理念 WSR 系统方法论的资源环境承载力理论模型

运用 WSR 系统方法论对于综合描述绿色发展理念下资源环境承载力的构成要素具有较强的适用性，更重要的是 WSR 系统方法论的三要素，可以分别代表生产力所包括的劳动对象、生产工具和劳动者。因此，基于 WSR 系统方法论构建的绿色发展理念下资源环境承载力理论模型可以反映资源环境参与社会生产过程中推动经济社会发展的社会动力学思想，对生产力推动经济社会发展的全貌，以及可持续发展相关理论进行更为深刻、全面的阐述。结合社会动力学模型，基于绿色发展理念 WSR 系统方法论构建的资源环境承载力理论模型可以进一步演化出如图 3.5 所示理论模型。

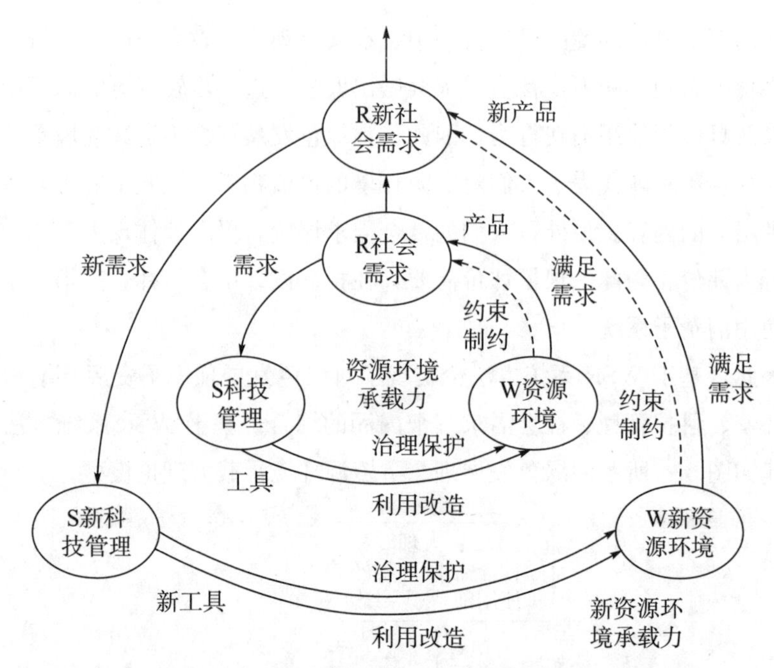

图 3.5 演化的基于绿色发展理念 WSR 系统方法论的资源环境承载力理论模型——俯视图

其中，R 人理，对应社会需求子系统，可以看作是劳动者的代表；S 事理，对应科技管理子系统，可以看作是生产工具的代表；W 物理，对应资源环境子系统，可以看作是劳动对象的代表。

由于演化的基于绿色发展理念 WSR 系统方法论的资源环境承载力理论模型建立在社会动力学模型的基础上，从总体的发展趋势上看，其演化过程与社会动力学模型相一致，呈现由旧的社会需求、科技管理水平、资源环境条件向新的社会需求、科技管理水平、资源环境条件的发展变化过程，一圈接着一圈，一轮跟着一轮，即由低级向高级的上升过程。与此同时，每一圈的社会需求、科技管理、资源环境三个要素之间存在着互动机制。一方面，当人理层面产生较为合理的社会需求时，能够有效地促进事理层面科技管理水平的提升，进一步加大对物理层面的资源环境的利用改造，进而产生新产品满足人理需求，促进社会发展，此时，要素之间呈现正反馈的互动机制，资源环境承载水平较高；另一方面，当人理层面产生过高的消费需求时，虽然在一定程度上能够加快事理层面的科技管理水平的发展，但也会在一定程度上对物理层面的资源环境形成压力、造成破坏，受到破坏的资源环境又会反过来约束制约社会需求的实现，此时，要素之间呈现一定的负反馈的互动机制，资源环境承载水平较低。而为了更好地满足社会需求，面对较低的资源环境承载水平，人类社会会借助科技管理手段加强对资源环境的治理和保护，进一步提升资源环境自身水平，对资源环境进行科学合理的利用改造，进而产生新产品满足人理需求，促进社会发展。

因此，基于社会动力学原理，演化的基于绿色发展理念 WSR 系统方法论的资源环境承载力理论模型呈现由里圈到外圈的逐渐提升的发展过程，再加上三个子系统相互叠加，之间存在正反馈和负反馈关系，使得模型整体上呈现如图 3.6 所示的三螺旋耦合的发展过程，以及由不协调向协调发展的趋势。

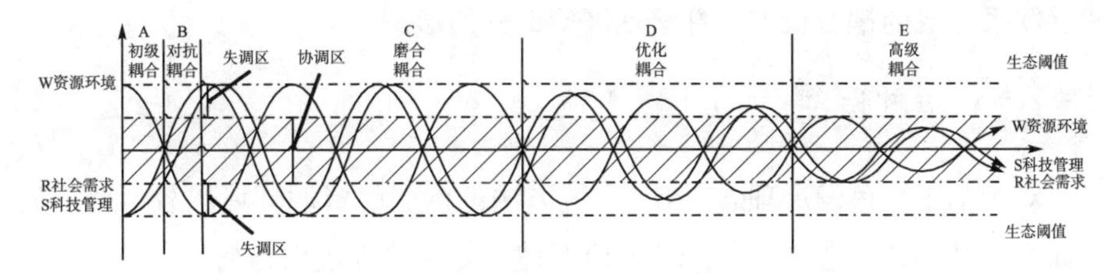

图 3.6　三螺旋耦合模型：演化的基于绿色发展理念 WSR 系统方法论的资源环境承载力理论模型——剖面图

通过对理论模型的剖面图分析发现，构成绿色发展理念下资源环境承载力的“W 资源环境”“S 科技管理”“R 社会需求”三个子系统在一定条件下，通过能流、物流和信息流的超循环，可以结合成一个新的、高一级的结构——功能体，即系统耦合。其中，“W 资源环境”不仅是经济社会活动的物质基础，同时也会对经济社会活动产生约束。“S 科技管理”对整个资源环境承载力水平的形成、演化与发展发挥着加速器的作用，能够提升资源环境承载力的整体协调水平以及抗压能力。在社会需求的影响下，科技管理水平能够提高经济社会发展的活力和水平，满足消费需求，同时在较高的科技管理水平下，能够提高资源环境的产出能力和环境利用率。“R 社会需求”是经济社会发展的原始动力，推动着科技管理水平不断提升，更好地作用于资源环境，推动新生产力和经济形态的产生，更好地促进经济社会发展。模型的中线横轴代表最佳协调水平，同时也可以反映人类社会发展与资源环境互动过程的不同阶段，从长期发展角度来看，三个子系统间的耦合关系趋向协调发展的态势。最左侧纵轴表示偏离协调水平的方向和程度；上下两条虚线分别代表资源环境阈值。中间阴影部分代表三条螺旋线相互作用过程中形成的协调发展区间。另外，阴影区域是三者互动的协调范围，当三条曲线互动过程在阴影的范围内，则可以认为资源环境承载力水平是相互协调的，资源环境与经济社会之间实现了可持续的发展；而如果三条曲线互动范围在阴影范围之上或者之下，都表示三者之间的互动不协调。因此，要对资源环境承载力进行评价，就要看资源环境承载力的三条曲线的互动是否在协调的阴影区域内。

总之，基于绿色发展理念 WSR 系统方法论构建的资源环境承载力理论模型是一种由 W 资源环境、S 科技管理、R 社会需求三个子系统相互影响、相互联系形成的耦合模型，并呈现螺旋上升的形态。

（二）模型特征

对于基于绿色发展理念 WSR 系统方法论构建的资源环境承载力理论模型而言，其具备动态性、非线性、协调性、复杂性等模型特征。

1. 动态性

动态性是资源环境承载力理论模型的典型特征。一方面，由于能量、物质、信息、技术、资金、劳动力等要素在系统内各子系统内部、各子系统之间流动，并会随着时间和空间的分布产生供需和消耗的非对称性，进而形成系统的动态性；另一方面，由于资源环境承载力理论模型内各种子系统自身存在周期性变化，子系统间相互作用、相互影响，使得系统在组织结构、整体功能等方面产生异质特征，在很大程度上影响了系统整体的稳定性，使系统呈现动态性特征。

2. 非线性

资源环境承载力系统不仅存在动态发展的特性，而且这种动态性呈现出波浪式发展的形态。通过资源环境承载力理论模型可以看到，三个子系统曲线始终呈现波浪式前进的状态，非线性贯穿于整个资源环境承载力系统内部，而这种非线性作用机制产生的最根本的原因是各子系统相互作用过程中产生的正负反馈。社会需求的扩大必然要求科技管理水平提升，进而加大对资源环境的各种压力，资源的日益匮乏、环境的刚性约束又在一定程度上对社会需求的满足构成压力，制约着经济社会的发展，进而造成资源环境与社会需求之间的负反馈形式的非线性效应。但是随着人们调整社会需求，提高科技管理水平，资源利用率又会进一步提高，环境得以改善，使得各类子系统朝着协调有序的方向发展，形成正反馈形式的非线性效应。正是由于正反馈非线性效应与负反馈非线性效应的相互作用，使得资源环境承载力呈现出波浪式演化发展的轨迹。

3. 协调性

资源环境承载力存在非线性作用效应机制，使得系统内部互动耦合的过程存在多重稳定均衡状态，即在某一区域范围内，三个子系统的耦合达到了协调有序发展的状态，进而共同促进了资源环境承载力水平的提升。而对于资源环境承载力系统内部协调性的研究，也构成了基于相互关系理念研究资源环境承载力问题的目标和出发点，其目的就是研究承载力各系统之间的协调状态，通过优化、扭转不协调状态，实现系统内部的动态平衡。其中，对于协调水平来说，也存在高水平协调和低水平协调。

4. 复杂性

资源环境承载力模型是对资源环境承载力运行一般规律的抽象化概括，而对于资源环境承载力本身来说，包含的要素涉及自然生态领域和经济社会领域的方方面面，并且会随着社会动力学系统的螺旋式上升而不断地产生新的要素，再加上构成要素在时间上和空间上都存在差异，物质循环和能量流动又存在不确定性，使得整个资源环境承载力系统存在一定的复杂性。也正是由于复杂性的存在，对资源环境承载力问题的研究才需要围绕其协调性展开，仅仅依靠一种或几种要素对整个资源环境承载力水平进行评价缺乏科学性和全面性。

因此，对资源环境承载力的评价也主要围绕资源环境承载力所具有的上述特性进行。

（三）模型演化阶段

在绿色发展理念下资源环境承载力系统中，当“R社会需求”产生后，便会激发“S科技管理”的产生和发展，当科学技术管理得到发展，必然会进一步作用在“W资源环境”上，通过对资源环境加以利用进一步产生新的经济形态和产品，满足人类社会发展需求，而在这个过程中也会对资源环境产生一定的消耗，甚至是破坏，因此，导致“W资源环境”曲线呈现下降趋势；而“R社会需求”的调整，又会进一步激发“S科技管理”的进步，提升资源环境利用率，加强资源环境保护，使得“W资源环境”曲线上升，进而使得整个模型演化过程经历初级耦合、对抗耦合、磨合耦合、优化耦合、高级耦合5个主要的发展阶段。

1. 初级耦合阶段

在这一阶段，自然资源和生产要素配置较差，经济社会发展水平低，产业结构以传统农业为主，人口集聚度低，人类的经济社会活动对资源环境系统的干扰力度较弱，生态环境系统自我净化能力能够抵消人类经济社会活动带来的负反馈效应，生态环境的承载水平对整个资源环境承载力水平起到主导作用。虽然该阶段资源环境子系统承载水平较高，但是承载力整体协调水平并不高，整个资源环境承载力系统处于低水平稳定状态。

2. 对抗耦合阶段

经济社会活动的发展，人口规模的扩大，经济社会要素流、物质流与信息流的频繁交换，都使得资源环境子系统的压力明显增大。一方面，社会需求子系统迅速发展；另一方面，资源环境被过度开发和利用，各子系统之间的对抗性逐渐增强，资源环境承载力对社会需求子系统的响应程度不断加速。工业文明时期就展示这一阶段。

3. 磨合耦合阶段

在这一阶段，工业化发展进程加快，对资源环境的损耗日益加深，社会需求子系统发展到较高水平并达到瓶颈，资源环境子系统不断退化并迅速接近临界点，资源环境子系统对社会需求子系统的约束和制约越来越深，两者的矛盾呈现由尖锐到缓和，再到尖锐再缓和的波浪式发展过程。这一阶段，响应、波动是主要特征。工业文明中后期便属于这一阶段。

4. 优化耦合阶段

这一阶段是经济社会发展对资源环境的制约和压力更多地产生正反馈效应的阶段。在这一阶段中，人类经济社会发展注重资源环境承载力系统内各子系统之间的相互协调，开始用生态文明思想代替片面工业化思想指导经济社会发展，注重调整产业结构、淘汰落后产能、发展绿色经济、推动技术革新、加大对资源环境的保护和治理，进一步提高资源环境承载力水平，不断改善人地关系矛盾。资源环境承载力的耦合水平呈现逐渐协调的发展趋势。由工业文明中后期向生态文明的转型时期便属于这一阶段。

5. 高级耦合阶段

在这一阶段，在经济社会发展优化升级、科学技术管理水平逐渐提升的影响下，资源环境子系统不断修复自身的生态功能，消除了对经济社会发展的对抗，更多地对社会需求子系统构成了支撑，进一步促进了人地关系的和谐共生，使资源环境承载力呈现了较高水平的协调发展状态。生态文明时期便属于这一阶段。

（四）评价方法

由于绿色发展理念下资源环境承载力自身存在的各种特性以及演化阶段，需要采用不同的系统分析方法构建方法组合对资源环境承载力水平进行综合评价。

1. 熵值法

由于资源环境承载力系统内部存在大量的物质循环和能量流动，而物质和能量的交换也必然带来一定的熵增和熵减的过程，所以，在对资源环境承载力进行评价的过程中，要注意系统之间的相互联系导致的物质和能量的相互转换，进而对系统要素的重要影响程度进行衡量。可以借助熵值法判断哪种物质能量交换在整个系统中所起的作用最大，进而判断影响资源环境承载力水平的主要因素。

2. 耦合协调分析法

资源环境承载力各子系统之间存在相互的反馈机制，这些反馈机制叠加使得资源环境承载力系统呈现出非线性作用效应机制，使得对资源环境承载力系统内部协调性的研究成为资源环境承载力问题研究的主要内容。资源环境承载力系统是由资源环境子系统、科技管理子系统、社会需求子系统耦合而成的复合系统，每个子系统内部及各子系统之间的反馈机制共同维持着整个系统的协同耦合发展，那么系统是否协调以及协调程度如何都可以通过耦合协调分析法进行评价。

3. 关联分析法

构成资源环境承载力评价体系的要素及子系统的地位和作用并非一致，因此，仅仅注意到资源环境承载力要素之间存在互动关系还不够，还必须看清楚不同要素、不同子系统在这个互动关系中的不同地位和作用，这样才能准确理解这个互动关系的工作机制，才能正确运用这个机制来分析问题和解决问题。要探究各要素、各子系统对整个系统的影响效果和作用，可以用关联分析方法对资源环境承载力不同要素、不同子系统之间的紧密程度，以及对整体资源环境承载力协调水平的影响程度进行分析。

四、本章小结

本章主要对基于绿色发展理念 WSR 系统方法论构建的资源环境承载力理论模型进行分析。通过将资源环境要素纳入社会动力学理论模型中，实现了将资源环境承载力置身于整个经济社会发展的大背景下思考要素间的互动关系和驱动机制，在改进的社会动力学模型和 WSR 系统方法论的基础上，进一步构建了由资源环境、科技管理、社会需求三个子系统组成的“三螺旋耦合”理论模型，并对理论模型的特征、演化阶段，以及评价方法等内容进行了阐述。

第 四 章

DISIZHANG

京津冀地区资源环境及产业发展现状分析

绿色发展理念下资源环境承载力评价与系统分析

——以京津冀地区为例

一、京津冀地区概况

京津冀地区是包括北京市、天津市、河北省在内的区域，是我国重要的政治中心、文化中心和重要的经济中心。从历史上看，京津冀地区古为幽燕、燕赵，本为一家；从现实发展来看，京津冀地区位于东北亚中国地区环渤海心脏地带，总面积 21.8 万平方公里，其中山区面积 10.95 万平方公里，平原面积 9.08 万平方公里，分别占到了区域总面积的 50.23%和 41.65%。在京津冀地区，北京市面积占 7.56%，天津市面积占 5.50%，河北省面积占 86.94%。京津冀地区拥有常住人口约 1.1 亿，其中，北京市、天津市人口高度聚集，2021 年人口密度分别为 1334 人/平方公里和 1152 人/平方公里，均为河北省（395 人/平方公里）的 3 倍左右，是全国平均水平（147 人/平方公里）的 9 倍和 8 倍。2021 年京津冀三地 GDP 总量达到 96355.87 亿元，占全国的 8.43%。但三地经济发展不平衡，河北省人均 GDP 仅为北京的 29.46%和天津的 47.67%。京津冀地区属京畿重地，是中国北方经济规模最大、最具活力的地区，受到全国乃至整个世界的关注。面对历史和现实的需要，长期以来，京津冀地缘相接、人缘相亲，地域一体、文化一脉，历史渊源深厚、交往半径相宜，完全能够相互融合、协同发展。2014 年 2 月 26 日，习近平总书记主持召开京津冀协同发展座谈会，提出将京津冀协同发展作为国家战略。之后，国家又先后审议通过了《京津冀协同发展规划纲要》《“十三五”时期京津冀国民经济和社会发展规划》等相关文件。2023 年 5 月 12 日，习近平总书记在河北考察并主持召开深入推进京津冀协同发展座谈会时强调以更加奋发有为的精神状态推进各项工作推动京津冀协同发展不断迈上新台阶。

二、京津冀地区资源环境基本情况

京津冀地区属于温带大陆性季风型气候，北有燕山山脉，西有太行山脉，地势由北向南、由西向东倾斜，生态环境较为脆弱，生态建设和环境保护日益重要，再加上近年来区域经济社会发展加快，加重了对本就匮乏的生态资源的开采以及环境的破坏，加重了资源环境对经济社会发展的刚性约束，突显了人地关系矛盾，其中主要反映在对水资源环境、土地资源环境、大气环境的影响等方面。该地区水资源短缺、地下水超采、水污染严重，土地资源过度开发、土壤污染严重、集约化程度不高，雾霾等大气环境污染严重，已成为我国人与自然关系较为紧张、资源环境超载矛盾较为严重、生态联防联治要求较为迫切的区域。同时，对于一个地区的资源环境而言，水资源环境、土地资源环境、大气环境这三类资源环境与经济社会发展、人们的生产生活息息相关，其他的生态资源环境，在很大程度上依赖于这三类主要资源环境而存在，可以说这三类主要资源环境影响甚至决定了一个地区的资源环境的基本情况。

（一）水资源环境基本情况

京津冀地区是典型的资源型严重缺水地区。受自然气候条件变化和区域水资源消耗的影响，2006—2017 年京津冀地区可供水资源总量呈现下降趋势，但是 2018—2021 年，京津冀地区加强了对水资源环境的保护，在很大程度上提升了可供水资源总量水平，现在已经恢复到 2008 年以前可供水资源总量水平。从 2006—2021 年京津冀地区水资源环境基本情况来看（见表 4.1），2016 年和 2017 年可供水资源总量是近 16 年以来的最低点，比 2006 年减少 12.7 亿立方米；而随着京津冀地区加强了对水资源的环境保护，从 2018 年开始，京津冀地区的可供水资源总量呈快速增长态势，仅用了 4 年的时间不仅止住了下降趋势，而且超过了 2008 年的水平。与此同时，作为严重依赖地下水资源的地区，京津冀地区由于过度超采浅层、深层地下水，地下水可供水量整体上呈现下降趋势，这期间虽有短暂回升的现象，但是始终没有改变下降趋势，2021 年比 2006 年减少 106.2 亿立方米，地下水资源量占可供水资源总量比重下降了39.82%。

表4.1　京津冀地区2006—2021年水资源环境基本情况

年份（年）	可供水资源总量（亿立方米）	地下水可供水量（亿立方米）	地下水资源量占可供水资源总量比重（%）
2006	261.3	195.7	74.92
2007	260.7	194.1	74.45
2008	252.4	185.4	73.43
2009	252.6	182.4	72.23
2010	239.3	180.7	75.54
2011	251.4	183.0	72.82
2012	254.3	177.1	69.64
2013	251.4	170.3	67.73
2014	254.4	167.0	65.63
2015	251.1	156.7	62.41
2016	248.6	147.2	59.21
2017	248.6	137.2	55.19
2018	250.1	102.2	40.86
2019	252.4	115.4	45.72
2020	251.2	104.7	41.68
2021	255	89.5	35.10

数据来源：《中国统计年鉴（2007—2022）》《中国环境统计年鉴（2007—2022）》

1. 水资源总量情况

（1）北京市。

北京市可供水资源总量多年来整体上呈上升趋势，由2006年的34.3亿立方米上升到2021年的40.8亿立方米，这期间2020年的40.6亿立方米和2021年40.8亿立方米较2019年41.7亿立方米有所下降。北京市地下水资源量相对地表水资源量较为丰富，水源主要依靠地下水和区外水资源。随着近年来对水资源的节约和保护，地表水可供水量呈上升趋势，由2006年的

6.4亿立方米上升到2021年的21.6亿立方米。与此同时，经济社会发展的深入，加重了对地下水资源的开采和利用，地下水可供水量呈下降趋势，由2006年的24.3亿立方米下降到2021年的13.6亿立方米（见表4.2）。

表4.2　北京市2006—2021年水资源基本情况

年份（年）	可供水资源总量（亿立方米）	地表水可供水量（亿立方米）	地下水可供水量（亿立方米）
2006	34.3	6.4	24.3
2007	34.8	5.7	24.2
2008	35.1	5.8	22.9
2009	35.5	7.2	21.8
2010	35.2	7.2	21.2
2011	35.2	7.2	21.2
2012	35.9	8.0	20.4
2013	36.4	8.3	20.0
2014	37.5	9.3	19.6
2015	38.2	10.5	18.2
2016	39.5	12.4	16.6
2017	39.5	12.4	16.6
2018	39.3	12.3	16.3
2019	41.7	15.1	15.1
2020	40.6	15.1	13.5
2021	40.8	21.6	13.6

数据来源：《中国环境统计年鉴（2007—2022）》

（2）天津市。

天津市可供水资源总量多年来稳步上升，略有起伏，由2006年的23.0亿立方米上升到2021年的32.3亿立方米。天津市地下水可供水量较地表水可供水量明显更少。地表水可供水量多年呈现稳中有升的趋势，从2006年的16.1亿立方米增长到2021年的23.8亿立方米。随着经济社会发展的深入，加大了对地下水资源的开采，地下水可供水量呈现下降趋势，由2006

年的 6.8 亿立方米下降到 2021 年的 2.7 亿立方米（见表 4.3）。

表 4.3　天津市 2006—2021 年水资源基本情况

年份（年）	可供水资源总量（亿立方米）	地表水可供水量（亿立方米）	地下水可供水量（亿立方米）
2006	23.0	16.1	6.8
2007	23.4	16.5	6.8
2008	22.3	16.0	6.3
2009	23.4	17.2	6.0
2010	22.5	16.2	5.9
2011	22.5	16.2	5.9
2012	23.1	16.0	5.5
2013	23.8	16.2	5.7
2014	24.1	15.9	5.3
2015	25.7	17.9	4.9
2016	27.5	19.0	4.6
2017	27.5	19.0	4.6
2018	28.4	19.5	4.4
2019	28.4	19.2	3.9
2020	27.8	19.2	3.0
2021	32.3	23.8	2.7

数据来源：《中国环境统计年鉴（2007—2022）》

（3）河北省。

相较于北京市和天津市多年来可供水资源总量呈上升趋势，河北省可供水资源总量呈下降趋势，其间偶有回升，由 2006 年的 204.0 亿立方米下降到 2021 年的 181.9 亿立方米，其中 2016、2017 年两年最低为 181.6 亿立方米。但是与北京市相类似，河北省地下水可供水量多高于地表水可供水量。由于对地下水资源开采力度较大，地下水可供水量降幅较大，由 2006 年的 164.6 亿立方米下降到 2021 年的 73.2 亿立方米，而地表水可供水量由 2006 年的 38.7 亿立方米上升到 2021 年的 96.2 亿立方米（见表 4.4）。

表 4.4 河北省 2006—2021 年水资源基本情况

年份（年）	可供水资源总量（亿立方米）	地表水可供水量（亿立方米）	地下水可供水量（亿立方米）
2006	204.0	38.7	164.6
2007	202.5	38.9	163.1
2008	195.0	37.8	156.2
2009	193.7	37.5	154.6
2010	193.7	36.1	156.0
2011	193.7	36.1	156.0
2012	195.3	41.3	151.3
2013	191.3	43.1	144.6
2014	192.8	46.8	142.1
2015	187.2	48.7	133.6
2016	181.6	51.5	116.0
2017	181.6	59.4	116.0
2018	182.4	70.4	106.1
2019	182.3	78.3	96.4
2020	182.8	84.8	88.2
2021	181.9	96.2	73.2

数据来源：《中国环境统计年鉴（2007—2022）》

2. 用水情况

（1）北京市。

北京市加强了对水资源的科学使用管理，2021 年的农业用水量和工业用水量分别下降到 2006 年用水量的 23.33%和 46.77%。同时，随着人口的增加、第三产业的蓬勃发展，以及人们对良好生活环境的迫切需求，北京市提高了对生活、生态用水量，其中生活用水总量由 2006 年的 14.4 亿立方米上升到 2021 年的 19.4 亿立方米，生态用水总量也由 2006 年的 1.6 亿立方米上升到 2021 年的 15.7 亿立方米。人均用水量总体呈先下降后上升趋势，由 2006 年的 219.9 立方米/人下降到 2013 年的最低点 173.9 立方米/人，并从 2014 年起均高于 2013 年的水平（见表 4.5）。

表 4.5　北京市 2006—2021 年水资源使用基本情况

年份（年）	农业用水总量（亿立方米）	工业用水总量（亿立方米）	生活用水总量（亿立方米）	生态用水总量（亿立方米）	人均用水量（立方米/人）
2006	12.0	6.2	14.4	1.6	219.9
2007	11.7	5.7	14.6	2.7	216.6
2008	11.4	5.2	15.3	3.2	210.8
2009	11.4	5.2	15.3	3.6	205.8
2010	10.8	5.1	15.3	4.0	189.4
2011	10.8	5.1	15.3	3.97	189.4
2012	9.3	4.9	16.0	5.7	175.5
2013	9.1	5.1	16.3	5.9	173.9
2014	8.2	5.1	17.0	7.2	175.7
2015	6.4	3.8	17.5	10.4	176.8
2016	5.1	3.5	18.3	12.7	178.6
2017	5.1	3.5	18.3	12.7	181.9
2018	4.2	3.3	18.4	13.4	181.7
2019	3.7	3.3	18.7	16.0	193.6
2020	3.2	3.0	17.2	17.2	185.4
2021	2.8	2.9	19.4	15.7	186.4

数据来源：《中国环境统计年鉴（2007—2022）》

（2）天津市。

天津市工业用水总量多年总体呈先上升后下降的趋势，由 2006 年的 4.4 亿立方米上升到 2016 年的 5.5 亿立方米再下降到 2021 年的 4.8 亿立方米。与此同时，农业用水总量多年来总体呈现下降趋势，由 2006 年的 13.4 亿立方米下降到 2021 年的 9.3 亿立方米。生活和生态用水均有所增加，其中，生活用水总量由 2006 年的 4.6 亿立方米上升到 2021 年的 7.0 亿立方米；生态用水总量由 2006 年的 0.5 亿立方米上升到 2021 年的 11.3 亿立方米。人均用水量总体呈先下降后上升趋势，由 2006 年的 216.8 立方米/人下降到 2014 年的 161.2 立方米/人，再上升到 2021 年的 234.1 立方米/人（见表 4.6）。

表 4.6　天津市 2006—2021 年水资源使用基本情况

年份（年）	农业用水总量（亿立方米）	工业用水总量（亿立方米）	生活用水总量（亿立方米）	生态用水总量（亿立方米）	人均用水量（立方米/人）
2006	13.4	4.4	4.6	0.5	216.8
2007	13.8	4.2	4.8	0.5	213.4
2008	13.0	3.8	4.9	0.7	194.9
2009	12.8	4.4	5.1	1.1	194.4
2010	11.0	4.8	5.5	1.2	177.9
2011	11.0	4.8	5.5	1.2	177.9
2012	11.7	5.1	5.0	1.4	167.1
2013	12.4	5.4	5.1	0.9	164.7
2014	11.7	5.4	5.0	2.1	161.2
2015	12.5	5.3	4.9	2.9	167.8
2016	10.7	5.5	6.1	5.2	176.3
2017	10.7	5.5	6.1	5.2	176.3
2018	10.0	5.4	7.4	5.6	182.2
2019	9.2	5.5	7.5	6.2	181.9
2020	10.3	4.5	6.6	6.4	200.6
2021	9.3	4.8	7.0	11.3	234.1

数据来源：《中国环境统计年鉴（2007—2022）》

（3）河北省。

河北省近年来加大了对产业结构的调整，加强了对水资源的合理开发和使用，农业用水总量和工业用水总量均总体呈下降趋势。其中，农业用水总量由 2006 年的 152.6 亿立方米下降到 2021 年的 97.1 亿立方米，工业用水总量由 2006 年的 26.2 亿立方米下降到 2021 年的 17.7 亿立方米。同时，随着第三产业的发展，生活用水总量和生态用水总量有所增加。其中，生活用水总量由2006年的24.1亿立方米上升到2021年的27.8亿立方米，生态用水总量增幅较大，由2006年的1.2亿立方米上升到2021年的39.3亿立方米。人均用水量总体呈下降趋势，由2006年的296.7立方米/人下降到2021年的244.0立方米/人（见表4.7）。

表4.7　河北省2006—2021年水资源使用基本情况

年份（年）	农业用水总量（亿立方米）	工业用水总量（亿立方米）	生活用水总量（亿立方米）	生态用水总量（亿立方米）	人均用水量（立方米/人）
2006	152.6	26.2	24.1	1.2	296.7
2007	151.6	25.0	23.9	2.0	292.6
2008	143.2	25.2	23.4	3.2	280.0
2009	143.9	23.7	23.4	2.7	276.3
2010	143.8	23.1	24.0	2.9	272.3
2011	143.8	23.1	24.0	2.9	272.3
2012	142.9	25.2	23.4	3.8	268.9
2013	137.6	25.2	23.8	4.7	261.7
2014	139.2	24.5	24.1	5.1	262.0
2015	135.3	22.5	24.4	5.0	252.8
2016	126.1	20.3	27.0	8.2	242.3
2017	126.1	20.3	27.0	8.2	242.3
2018	121.1	19.1	27.8	14.5	242.0
2019	114.3	18.8	27.0	22.1	240.7
2020	107.7	18.2	27.0	29.9	245.2
2021	97.1	17.7	27.8	39.3	244.0

数据来源：《中国环境统计年鉴（2007—2022）》

从总体上看，对于第一产业和第二产业来说，除了天津市工业用水总量有所反复外，北京市、河北省的农业、工业用水总量，天津市的农业用水总量均总体呈现下降趋势；对于第三产业来说，随着第三产业在国民经济中所占比重越来越大，以及人们对美好生活、良好生活环境的迫切需要，京津冀地区的生活用水和生态用水均呈现上升趋势。与此同时，北京市和河北省人均用水量均呈现下降趋势，天津市人均用水量呈现上升趋势。

3. 水资源污染情况

(1) 北京市。

北京市废水排放总量由2006年的10.50亿吨上升至最高点2016年的16.64亿吨，再下降到2019年的12.24亿吨；同时，废水排放总量占可供水资源总量的比例由2006年的30.61%上升至2016年的42.88%，总体上增长后呈现下降趋势，到2019年占到29.35%（见表4.8）。

表4.8 北京市2006—2021年废水排放情况

年份（年）	废水排放总量（亿吨）	可供水资源总量（亿立方米）	废水排放总量占可供水资源总量的比例（%）
2006	10.50	34.3	30.61
2007	10.78	34.8	30.98
2008	11.33	35.1	32.29
2009	14.08	35.5	39.67
2010	13.64	35.2	59.11
2011	14.54	35.2	41.30
2012	14.02	35.9	39.07
2013	14.45	36.4	39.71
2014	15.05	37.5	40.16
2015	15.15	38.2	39.67
2016	16.64	39.5	42.88
2017	13.31	39.5	33.70
2018	12.64	39.3	32.16
2019	12.24	41.7	29.35
2020	—	40.6	—
2021	—	40.8	—

数据来源：《中国环境统计年鉴（2007—2022）》《北京市环境统计年报》

（2）天津市。

天津市废水排放总量由2006年的6.09亿吨上升至最高点2015年的9.50亿吨后呈现下降趋势，到2021年为5.36亿吨；同时，废水排放总量占可供水资源总量的比例由2006年的26.52%上升至2014年的37.92%，再下降到2021年的16.59%（见表4.9）。

表4.9　天津市2006—2021年废水排放情况

年份（年）	废水排放总量（亿吨）	可供水资源总量（亿立方米）	废水排放总量占可供水资源总量的比例（%）
2006	6.09	23.0	26.52
2007	5.89	23.4	25.22
2008	6.32	22.3	28.32
2009	6.17	23.4	26.38
2010	7.02	22.5	31.22
2011	6.91	22.5	30.74
2012	8.48	23.1	36.65
2013	8.62	23.8	36.27
2014	9.13	24.1	37.92
2015	9.50	25.7	36.95
2016	9.15	27.5	33.61
2017	9.08	27.5	33.02
2018	—	28.4	—
2019	—	28.4	—
2020	4.71	27.8	16.94
2021	5.36	32.3	16.59

数据来源：《中国环境统计年鉴（2007—2022）》

（3）河北省。

河北省废水排放总量由2006年的9.39亿吨上升至2016年的28.88亿吨，总体上增长了19.49亿吨；同时，废水排放总量占可供水资源总量的比例由2006年的4.60%上升至2016年的15.82%，总体上增长了11.22%

(见表4.10)。

表4.10 河北省2006—2021年废水排放情况

年份(年)	废水排放总量(亿吨)	可供水资源总量(亿立方米)	废水排放总量占可供水资源总量比例(%)
2006	9.39	204.0	4.60
2007	10.14	202.5	5.01
2008	11.55	195.0	5.92
2009	13.69	193.7	7.07
2010	15.03	193.7	7.76
2011	16.20	193.7	8.36
2012	18.51	195.3	9.47
2013	20.30	191.3	10.61
2014	20.32	192.8	10.54
2015	21.84	187.2	11.66
2016	28.88	181.6	15.82
2017	25.37	181.6	13.97
2018	—	182.4	—
2019	17.92	182.3	9.83
2020	—	182.8	—
2021	—	181.9	—

数据来源:《中国环境统计年鉴(2007—2022)》

从总体上看,京津冀地区废水排放情况虽有反复,但是呈现减少趋势,废水排放总量以及废水排放总量占可供水资源总量的比例均有一定程度上升后又呈现下降趋势。

(二)土地资源环境基本情况

近年来,人类活动的活跃、重大工程建设密布等原因对京津冀地区的土地资源环境承载力造成了一定的影响。虽然京津冀地区加强了对土地资源的管理和保护,使自身在地下淡水资源、耕地资源、地热资源可持续开发、工程地质条件等方面呈现较好的发展趋势，但是京津冀地区在土地资源活动构造、地下水超采、地面沉降、地面塌陷、化肥实施、水土污染等方面的问题依然严峻。同时，人口过快膨胀，城市垃圾剧增，再加上垃圾分类处理能力不强（焚烧和生化处理比例较低，仍然采用填埋的垃圾处理方式），都在一定程度上加重了对土地资源的污染和破坏。对于京津冀三地土地承载人口情况，可以通过人口密度和人均用地面积情况进行评价。通过研究发现，随着人口的增加，经济社会发展体量的逐渐增大，京津冀地区的人口密度越来越大，人均用地面积明显下降，土地资源人口承载能力不断下降，人地之间的矛盾逐渐扩大。

（1）北京市。

随着人口规模的增长，北京市人口密度显著提升，由 2006 年的 963 人/平方公里上升到 2021 年的 1334 人/平方公里。与此同时，人均用地面积呈现下降趋势，由 2006 年的 1037.99 平方米/人下降到 2021 年的 749.68 平方米/人，反映出北京市土地资源人口承载压力不断加大（见表 4.11）。

表 4.11　北京市 2006—2021 年土地使用基本情况

年份（年）	人口密度（人/平方公里）	人均用地面积（平方米/人）
2006	963	1037.99
2007	995	1004.93
2008	1033	968.17
2009	1069	935.07
2010	1196	836.46
2011	1230	812.97
2012	1261	793.05
2013	1289	775.99
2014	1311	762.71
2015	1323	755.90
2016	1316	759.80
2017	1337	747.97
2018	1336	748.66

续表

年份（年）	人口密度（人/平方公里）	人均用地面积（平方米/人）
2019	1335	749.34
2020	1334	749.68
2021	1334	749.68

数据来源：《中国统计年鉴（2007—2022）》《中国环境统计年鉴（2007—2022）》

（2）天津市。

随着人口规模的增加，天津市人口密度显著提升，由2006年的902人/平方公里上升到2021年的1152人/平方公里。与此同时，人均用地面积呈现下降趋势，由2006年的1108.59平方米/人下降到2021年的867.98平方米/人，反映出人口与土地资源的矛盾日益突出（见表4.12）。

表4.12 天津市2006—2021年土地使用基本情况

年份（年）	人口密度（人/平方公里）	人均用地面积（平方米/人）
2006	902	1108.59
2007	936	1068.82
2008	987	1013.38
2009	1031	970.34
2010	1090	917.22
2011	1137	879.51
2012	1186	843.32
2013	1235	809.49
2014	1273	785.68
2015	1298	770.35
2016	1300	769.35
2017	1183	845.20
2018	1160	861.70
2019	1162	860.46
2020	1164	859.22

续表

年份（年）	人口密度（人/平方公里）	人均用地面积（平方米/人）
2021	1152	867.98

数据来源：《中国统计年鉴（2007—2022）》《中国环境统计年鉴（2007—2022）》

（3）河北省。

河北省人口密度有所提升，由2006年的366人/平方公里上升到2021年的395人/平方公里。与此同时，人均用地面积有所下降，由2006年的2731.72平方米/人下降到2021年的2529.99平方米/人（见表4.13）。

表4.13　河北省2006—2021年土地使用基本情况

年份（年）	人口密度（人/平方公里）	人均用地面积（平方米/人）
2006	366	2731.72
2007	368	2714.01
2008	371	2696.22
2009	373	2678.75
2010	382	2619.47
2011	384	2602.49
2012	387	2585.71
2013	389	2569.81
2014	392	2552.01
2015	394	2537.83
2016	396	2523.88
2017	393	2543.31
2018	394	2537.49
2019	395	2530.33
2020	396	2524.57
2021	395	2529.99

数据来源：《中国统计年鉴（2007—2022）》《中国环境统计年鉴（2007—2022）》

（三）大气环境基本情况

近年来，京津冀地区容易形成静稳天气，再加上高污染、高耗能的工业生产活动产生的污染物较多，污染物不容易扩散，使得京津冀地区成为全国空气污染较为严重的地区之一。为此，京津冀地区近年来加大了环境保护力度，注重淘汰落后产能，优化产业结构，特别是淘汰高污染、高耗能产业，在很大程度上提高了大气环境质量，二氧化硫、氮氧化物的排放量整体上呈现下降趋势。由于京津冀地区正处于加快发展建设的重要时期，建筑行业以及材料化工产业快速发展，烟（粉）尘排放相应增加，但随后加强了对建筑、化工等相关行业的综合管理，使得这一情况有所改善。

(1) 北京市。

二氧化硫的排放量由 2006 年的 17.60 万吨下降到 2021 年的 0.14 万吨，氮氧化物的排放量由 2006 年的 25.37 万吨下降到 2021 年的 8.21 万吨，烟（粉）尘的排放量由 2006 年的 8.00 万吨下降到 2021 年的 0.54 万吨（见表 4.14）。

表 4.14　北京市 2006—2021 年大气污染物排放情况

年份（年）	二氧化硫（万吨）	氮氧化物（万吨）	烟（粉）尘（万吨）
2006	17.60	25.37	8.00
2007	15.20	24.09	6.78
2008	12.30	22.81	6.36
2009	11.90	21.53	6.10
2010	11.50	20.25	6.60
2011	9.79	18.83	6.58
2012	9.38	17.75	6.68
2013	8.70	16.63	5.93
2014	7.89	15.10	5.74
2015	7.12	13.76	4.94
2016	3.32	9.61	3.45
2017	2.01	14.45	2.04

续表

年份（年）	二氧化硫（万吨）	氮氧化物（万吨）	烟（粉）尘（万吨）
2018	1.50	13.66	4.97
2019	0.19	9.86	1.68
2020	0.18	8.67	0.94
2021	0.14	8.21	0.54

数据来源：《中国环境统计年鉴（2007—2022）》《中国统计年鉴（2007—2022）》

（2）天津市。

二氧化硫的排放量由2006年的25.50万吨下降到2021年的0.85万吨，氮氧化物的排放量由2006年的50.01万吨下降到2021年的10.72万吨，烟（粉）尘的排放量由2006年的9.00万吨下降到2021年的1.28万吨（见表4.15）。

表4.15 天津市2006—2021年大气污染物排放情况

年份（年）	二氧化硫（万吨）	氮氧化物（万吨）	烟（粉）尘（万吨）
2006	25.50	50.01	9.00
2007	24.50	47.25	8.32
2008	24.00	44.48	7.76
2009	23.70	41.72	7.90
2010	23.50	38.96	7.30
2011	23.09	35.89	7.59
2012	22.45	33.42	8.41
2013	21.68	31.17	8.75
2014	20.92	28.23	13.95
2015	18.59	24.68	10.07
2016	7.06	14.47	7.81
2017	5.56	14.23	6.52
2018	2.67	13.08	5.28
2019	1.78	11.42	2.92

续表

年份（年）	二氧化硫（万吨）	氮氧化物（万吨）	烟（粉）尘（万吨）
2020	1.02	11.70	1.56
2021	0.85	10.72	1.28

数据来源：《中国环境统计年鉴（2007—2022）》《中国统计年鉴（2007—2022）》

（3）河北省。

二氧化硫的排放量由2006年的154.50万吨下降到2021年的17.07万吨，氮氧化物的排放量由2006年的242.01万吨下降到2021年的82.24万吨，烟（粉）尘的排放量由2006年的136.90万吨下降到2021年的34.98万吨（见表4.16）。

表4.16　河北省2006—2021年大气污染物排放情况

年份（年）	二氧化硫（万吨）	氮氧化物（万吨）	烟（粉）尘（万吨）
2006	154.50	242.01	136.90
2007	149.20	230.52	115.52
2008	134.50	219.02	107.56
2009	125.30	207.53	94.60
2010	123.40	196.04	82.10
2011	141.21	180.11	132.25
2012	134.12	176.11	123.59
2013	128.47	165.25	131.33
2014	118.99	151.25	179.77
2015	110.84	135.08	157.54
2016	78.94	112.66	125.68
2017	60.24	105.60	80.37
2018	55.18	126.83	81.99
2019	28.70	101.65	48.22
2020	16.17	76.97	37.07
2021	17.07	82.24	34.98

数据来源：《中国环境统计年鉴（2007—2022）》《中国统计年鉴（2007—2022）》

三、京津冀地区产业发展现状

1. 区域发展差距较大

从京津冀三地 GDP 总量情况（见表 4.17）来看，河北省的贡献度最高，其次是北京市、天津市，但从人均 GDP 情况（见表 4.18）来看，以 2021 年为例，北京市最高，其次是天津市、河北省。从经济增长规模来看，北京市最大，天津市次之，河北省最小。在整个京津冀发展过程中，北京市的经济发展水平依旧占据主导地位；天津市则展现了良好的发展潜力，人均 GDP 在 2011—2015 年超过了北京市；河北省虽然 GDP 总量较高，相对于北京市和天津市来说，资源较为丰富，但是生产效率不高。为此，在经济发展层面，需要进一步加快河北省产业结构调整，不断优化资源配置，提高其经济发展水平，缩小其与北京市、天津市的经济差距。

表 4.17　京津冀三地 2006—2021 年 GDP 总量情况

年份（年）	北京市（亿元）	天津市（亿元）	河北省（亿元）
2006	7870.28	4359.15	11660.43
2007	9353.32	5050.40	13709.50
2008	10488.03	6354.38	16188.61
2009	12153.03	7521.85	17235.48
2010	14113.58	9224.46	20394.26
2011	16251.93	11307.28	24515.76
2012	17879.40	12893.88	26575.01
2013	19500.56	14370.16	28301.41
2014	21330.83	15726.93	29421.15
2015	23014.59	16538.19	29806.11
2016	25669.13	17885.39	32070.45
2017	28014.94	18549.19	34016.32
2018	30319.98	18809.64	36010.27

续表

年份（年）	北京市（亿元）	天津市（亿元）	河北省（亿元）
2019	35371.28	14104.28	35104.52
2020	36102.55	14083.73	36206.89
2021	40269.55	15695.05	40391.27

数据来源：《中国统计年鉴（2007—2022）》

表 4.18　京津冀三地 2006—2021 年人均 GDP 情况

年份（年）	北京市（万元）	天津市（万元）	河北省（万元）
2006	5.05	4.12	1.70
2007	5.82	4.61	1.99
2008	6.30	5.55	2.32
2009	7.05	6.26	2.46
2010	7.59	7.30	2.87
2011	8.17	8.52	3.40
2012	8.75	9.32	3.66
2013	9.46	10.01	3.89
2014	10.00	10.52	4.00
2015	10.65	10.80	4.03
2016	11.82	11.51	4.31
2017	12.90	11.89	4.54
2018	14.02	12.07	4.78
2019	16.42	9.04	4.63
2020	16.49	10.16	4.86
2021	18.40	11.37	5.42

数据来源：《中国统计年鉴（2007—2022）》

2. 产业结构发展不均衡

从京津冀三地的产业结构来看（分别见表 4.19、表 4.20、表 4.21），当前，第三产业已经成为北京市的主导产业，自 2000 年以来，第三产业在北京市 GDP 的份额比重不断增强，产值也大幅度提升，而第二产业产值占 GDP 比重总体呈现下降趋势，第一产业产值稳定在一定水平。以 2021 年为例，第三产业产值占到北京市全部 GDP 的 81.67%，而第二产业和第一产业产值贡献率仅为 18.05%和 0.28%。天津市产业结构从 2014 年开始发生转变，2014 年，天津市第三产业总值首次超过第二产业，2021 年，第三产业、第二产业对整个 GDP 贡献率分别为 61.26%和 37.30%，天津市逐渐成为第二、三产业并重的城市。而对于河北省来说，产业结构主要还是第二产业、第三产业、第一产业的分布格局。河北省是工业和制造业大省，工业在整个 GDP 中所占的比值最大，钢铁、煤炭、水泥等产业仍然占据相当大的生产份额。近年来，第二产业始终是河北省的主导产业。但 2018 年，河北省的第三产业首次超过第二产业位居整个产业结构的第一位；2021 年，第三产业、第二产业对 GDP 的贡献率分别为 49.51%和 40.51%。第一产业虽然在河北省的产业结构中位列第三，但是由于河北省地域辽阔、气候适宜，相比较北京市、天津市来说，其第一产业始终享有较大的市场份额。河北省第一产业发展对于京津冀地区来说也具有十分重要的作用。

表 4.19　北京市 2006—2021 年三产总值及在 GDP 中所占比例

年份（年）	第一产业总值（亿元）	第一产业总值占 GDP 比例（%）	第二产业总值（亿元）	第二产业总值占 GDP 比例（%）	第三产业总值（亿元）	第三产业总值占 GDP 比例（%）
2006	98.04	1.25	2191.43	27.84	5580.81	70.91
2007	101.26	1.08	2509.40	26.83	6742.66	72.09
2008	112.81	1.08	2693.15	25.68	7682.07	73.25
2009	118.29	0.97	2855.55	23.50	9179.19	75.53
2010	124.36	0.88	3388.38	24.01	10600.84	75.11
2011	136.27	0.84	3752.48	23.09	12363.18	76.07
2012	150.20	0.84	4059.27	22.70	13669.93	76.46
2013	161.83	0.83	4352.30	22.32	14986.43	76.85
2014	158.99	0.75	4544.80	21.31	16627.04	77.95
2015	140.21	0.61	4542.62	19.74	18331.74	79.65

续表

年份（年）	第一产业总值（亿元）	第一产业总值占GDP比例（%）	第二产业总值（亿元）	第二产业总值占GDP比例（%）	第三产业总值（亿元）	第三产业总值占GDP比例（%）
2016	129.79	0.51	4944.44	19.26	20594.90	80.23
2017	120.42	0.40	5326.76	19.00	22567.76	80.60
2018	118.69	0.39	5647.65	18.63	24553.64	80.98
2019	113.69	0.30	5715.06	16.20	29542.53	83.50
2020	107.61	0.30	5716.37	15.80	30278.57	83.90
2021	111.34	0.28	7268.60	18.05	32889.61	81.67

数据来源：《中国统计年鉴（2007—2022）》

表4.20　天津市2006—2021年三产总值及在GDP中所占比例

年份（年）	第一产业总值（亿元）	第一产业总值占GDP比例（%）	第二产业总值（亿元）	第二产业总值占GDP比例（%）	第三产业总值（亿元）	第三产业总值占GDP比例（%）
2006	118.23	2.71	2488.29	57.08	1752.63	40.21
2007	110.19	2.18	2892.53	57.27	2047.68	40.54
2008	122.58	1.93	3821.07	60.13	2410.73	37.94
2009	128.85	1.71	3987.84	53.02	3405.16	45.27
2010	145.58	1.58	4840.23	52.47	4238.65	45.95
2011	159.72	1.41	5928.32	52.43	5219.24	46.16
2012	171.60	1.33	6663.82	51.68	6058.46	46.99
2013	188.45	1.31	7276.68	50.64	6905.03	48.05
2014	199.90	1.27	7731.85	49.16	7795.18	49.57
2015	208.82	1.26	7704.22	46.58	8625.15	52.15
2016	220.22	1.23	7571.35	42.33	10093.82	56.44
2017	168.96	0.90	7593.59	40.90	10786.64	58.20
2018	172.71	0.92	7609.81	40.46	11027.12	58.62
2019	185.23	1.30	4969.18	35.20	8949.87	63.50
2020	210.18	1.50	4804.08	34.10	9069.47	64.40
2021	225.41	1.44	5854.27	37.30	9615.37	61.26

数据来源：《中国统计年鉴（2007—2022）》

表 4.21　河北省 2006—2021 年三产总值及在 GDP 中所占比例

年份（年）	第一产业总值（亿元）	第一产业总值占 GDP 比例（%）	第二产业总值（亿元）	第二产业总值占 GDP 比例（%）	第三产业总值（亿元）	第三产业总值占 GDP 比例（%）
2006	1606.48	13.78	6115.01	52.44	3938.94	33.78
2007	1804.72	13.16	7241.8	52.82	4662.98	34.01
2008	2034.60	12.57	8777.42	54.22	5376.59	33.21
2009	2207.34	12.81	8959.83	51.98	6068.31	35.21
2010	2562.81	12.57	10707.68	52.50	7123.77	34.93
2011	2905.73	11.85	13126.86	53.54	8483.17	34.60
2012	3186.66	11.99	14003.57	52.69	9384.78	35.31
2013	3500.42	12.37	14762.1	52.16	10038.89	35.47
2014	3447.46	11.72	15012.85	51.03	10960.84	37.25
2015	3439.45	11.54	14386.87	48.27	11979.79	40.19
2016	3492.81	10.89	15256.93	47.57	13320.71	41.54
2017	3129.98	9.20	15846.21	46.60	15040.13	44.20
2018	3338.00	9.27	16040.06	44.54	16632.21	46.19
2019	3518.44	10.00	13597.26	38.70	17988.82	51.30
2020	3880.14	10.70	13597.20	37.60	18729.54	51.70
2021	4030.34	9.98	16364.22	40.51	19996.71	49.51

数据来源：《中国统计年鉴（2007—2022）》

由此可见，区域发展差距较大和产业结构发展不均衡是京津冀地区经济社会发展两大特点。就目前来看，北京市凭借着自身的科技和人才优势已经进入后工业时代，转变为以第三产业为主导的知识和服务地区；天津市逐渐发展成为工业和服务并重的潜力城市；河北省刚刚进入第三产业为首，第二、三产业并重的发展阶段。对于京津冀地区来说，三地应抓住当前第三产业为主的产业结构调整期，加快区域产业结构协调发展，进而为提升区域内资源环境承载力水平提供有力支持。

四、本章小结

本章首先对京津冀地区的概况，以及近年来开展的京津冀协同发展等相关内容进行了简要的介绍，随后结合着京津冀地区的人口规模、城市建设、能源消费情况等经济社会发展的要素，重点对京津冀地区的水资源环境、土地资源环境、大气环境、产业结构特点，以及存在的问题进行了分析，为下一步对京津冀地区资源环境承载力评价和系统分析奠定基础。

第 五 章

DIWUZHANG

京津冀地区资源环境承载力水平评价

绿色发展理念下资源环境承载力评价与系统分析

——以京津冀地区为例

为了对资源环境承载力水平进行评价，需要在基于绿色发展理念 WSR 系统方法论构建的理论模型的基础上进一步构建指标体系。本章主要内容为，构建一套能够对资源环境承载力水平进行科学、全面、合理的综合评价的指标体系，并运用熵值法和指标体系对京津冀地区资源环境承载力水平进行评价。

一、构建评价指标体系

（一）构建原则

评价结果能否真实反映被评价区域的实际承载状况，能否为经济社会发展提供决策依据，并为后续系统耦合分析、关联分析提供基础数据，与其所选用的评价指标体系有直接关系。评价资源环境承载力水平，必须要有一套明确的量化指标。指标体系的建立是资源环境承载力水平评价的核心部分，需遵循以下原则：

（1）科学性原则。评价指标体系要基于自然界资源环境的客观实际，真实反映人类经济社会发展的需求以及观念，能够对资源环境的数量和质量作出合理的描述，并从不同角度对承载力水平进行衡量，客观、真实地反映其所表达的状态和水平。

（2）系统性原则。评价指标体系要能够综合反映资源、环境、经济、社会、人口等要素的关系，注重多因素综合性分析，将资源环境与经济社会作为有机整体进行系统考虑。

（3）层次性原则。系统的层次性很大程度上影响了系统内部各子系统的耦合性、关联性。评价指标体系的设计要根据各子系统的不同内涵设置相应的层次和内容，由宏观到微观，由抽象到具体。

（4）主导因素原则。虽然各指标对系统的重要程度不同，但总是由一个或一组因子对整个系统的发展走势产生主导作用。在评价指标体系设计的过程中要善于抓住主要矛盾，重点抓住核心的主导因素对系统未来的发展进行设计。

(5) 可操作性原则。评价指标体系中的指标内容应当易于理解，得出的评价结果也要便于对接生产实际的各项主要指标。因此，评价指标设计要考虑数据收集的难易程度、数据统计的实用性和真实性等。

评价指标体系要反映影响资源环境承载力主导因素的全貌，用对资源环境承载力产生最大限制的主导因素的指标体系来描述和评价资源环境承载力水平，进而把握资源环境承载力最本质的、最基本的特征。同时，还要注意指标体系的实用性和可操作性。

（二）指标选取

在指标的选取上，要在基于绿色发展理念 WSR 系统方法论构建的理论模型和各子系统内涵的基础上，进一步设计操作性强的评价指标；要针对影响京津冀地区经济社会发展的主要资源环境的特点设计评价指标；同时，可以参考比照以往的京津冀地区资源环境承载力相关研究内容设计指标体系。

第一，基于绿色发展理念 WSR 系统方法论构建的资源环境承载力理论模型主要涉及与物理对应的资源环境子系统，与事理对应的科技管理子系统，与人理对应的社会需求子系统。其中，对于资源环境子系统，在实际情况下主要借助资源环境的污染和破坏程度的承载水平，来对资源环境的承载极限水平进行衡量。为此，在指标的设计中选取反映资源环境污染和破坏程度的、指向性较为明确的指标作为资源环境子系统的评价指标，并通过指标的逆向化处理使其反映对资源环境污染和破坏的承载水平。因此，在指标体系中将资源环境子系统改为污染破坏承载子系统。对于科技管理子系统，在实际情况下可以通过实施科技管理手段、增加科技管理投入等方面的指标进行评价。对于社会需求子系统，在实际情况下，行为是对需求最直接的反映，为了对社会需求进行更明确的衡量，就需要选择能够反映社会需求的各种使用消费行为指标。因此，在指标体系中将社会需求子系统改为使用消费子系统。

第二，当前京津冀地区的经济社会发展，特别是生产生活的实际，对水资源环境、土地资源环境、大气环境的使用消费较为突出，这三类资源环境对京津冀地区的经济社会发展的影响程度较深。从京津冀地区资源环境承载力研究相关文献也发现，京津冀地区资源环境承载力研究集中在对水资源环境、土地资源环境、大气环境这三类资源环境承载力的研究上。同时对于资源环境承载力来说，水资源环境、土地资源环境、大气环境是区域资源环境的主体。这三类资源环境不仅对经济社会发展发挥着举足轻重的作用，还对其他生态资源环境有着较为重要的承载作用。为此，本书在指标设计中将选取水资源环境、土地资源环境、大气环境这三类主要资源环境作为资源环境承载力研究的承载体。

第三，以往京津冀地区资源环境承载力指标体系设计的主要特点：①指标要素选取，由以体现资源环境自然属性要素为主，向综合“资源—环境—经济—社会—人口”的多要素选取方向发展。例如，孙钰等从包括资源承载力、环境承载力、经济承载力、社会承载力、交通承载力、科技文化承载力在内的“客观承载力”和“虚拟承载力”的角度设计京津冀地区土地综合承载力指标体系[①]；李林汉等从水资源状况因素、生态环境因素、水资源需求程度因素、社会经济发展因素设计京津冀地区水资源承载能力评价指标体系[②]；王树强等从土地资源、水资源、环境容量、能源、交通设施、市政设施和社会等方面设计京津冀地区综合承载力指标体系[③]。②为了反映京津冀地区经济社会与资源环境之间的矛盾，指标体系构建以体现资源环境与经济社会之间的反馈机制作为理论模型基础。例如，俞会新等基于“压力—状态—响应”模型构建了京津冀生态环境承载力指标体系[④]；李赫基于“驱动力—压力—状态—影响—响应”模型构建了京津冀地区土地资源承载力评价体系[⑤]。

---

① 孙钰，李新刚，姚晓东. 基于 TOPSIS 模型的京津冀城市群土地综合承载力评价 [J]. 现代财经（天津财经大学学报），2012 (11): 71-80.

② 李林汉，田卫民，岳一飞. 基于层次分析法的京津冀地区水资源承载能力评价 [J]. 科学技术与工程，2018 (24): 139-148.

③ 王树强，张贵. 基于秩和比的京津冀综合承载力比较研究 [J]. 地域研究与开发，2014 (04): 19-25.

④ 俞会新，李玉欣. 京津冀生态环境承载力对比研究 [J]. 工业技术经济，2017 (08): 20-25.

⑤ 李赫. 京津保土地资源承载能力演化与生态发展路径研究 [D]. 保定：河北大学，2016.

综上所述，本书在基于绿色发展理念WSR系统方法论理论模型的基础上，认真分析京津冀地区资源环境承载力现状、相关研究成果，主要以水资源环境、土地资源环境、大气环境，以及能源等承载体的污染、破坏、管理、消费等情况作为指标体系构建的基本依据。

1. 资源环境承载力污染破坏承载子系统

污染破坏承载子系统主要通过对资源环境的污染和破坏的承载水平来反映资源环境的自然承载能力，因此，主要选取反映各类污染物的排放情况以及对资源环境的破坏情况的指标。其中包括化学需氧量排放总量、氨氮排放量、石油类排放量、挥发酚排放量、氰化物排放量、铅排放量、六价铬排放量、砷排放量等反映水资源环境污染的8个主要污染物指标，以及二氧化硫排放量、氮氧化物排放量、烟（粉）尘排放量等反映大气环境污染的3个主要污染物指标。另外，造成大气环境污染的除了上述3种主要污染物外，还有其他很多未知污染物。例如，京津冀地区的雾霾就是相当复杂的各类污染物混合导致的，而京津冀地区对煤和石油等传统能源的使用可以看作是造成雾霾等特殊大气污染状况的主要原因。因此，针对京津冀地区的能源结构和污染物的特殊性，还需要进一步探究是何种能源的使用造成了大气环境污染，而衡量指标可以依据主要能源的总体消费情况来设定。为此，本书又选取了火力发电比例、火力发电用煤量比重、供热用煤量比重、火力发电用油量比重、供热用油量比重5个反映大气污染物排放的主要源头指标作为对其他未知污染物排放水平评价的指标。对于土地资源环境破坏情况，围绕农业中化肥使用、工业中固体废弃物存放、城市中垃圾存放，以及京津冀地区特有的采矿和地质沉降等破坏因素，选取了每千公顷耕地面积施用化肥量、每平方公里存放工业固体废物产生量、每万人城市人口产生垃圾数、采矿许可证颁发有效登记面积占区域面积比重、沉降区面积占区域面积比重5个指标作为衡量土地资源环境破坏程度的指标。同时，在指标数据的设计上，除根据以往研究惯例，对于二氧化硫排放量、氮氧化物排放量等选取客观数据作为评价指标外，其他大部分数据都进行了百分比转化。

2. 资源环境承载力科技管理子系统

科技管理子系统主要涉及各种科学技术手段的使用和投入，制定实施各种先进的管理措施，帮助生态系统实现自我修复；对这一子系统的评价具体来说主要包括对科技治理能力、治理资金投入、生态修复能力及水平的考量。

（1）资源环境的科技治理能力评价主要围绕水资源环境治理能力、土地资源环境治理能力、大气环境治理能力3个方面选取指标。具体包括针对水资源环境的工业废水治理设施日均处理能力、水资源无害化处理能力、人均水库拥有容量3个指标；针对土地资源环境的本年新增水土流失治理面积占区域面积比重、土地整治项目规模占区域面积比重、一般固体废物综合利用比重3个指标；针对大气环境的反映生产过程中处理设施治理能力指标——工业废气治理设施处理废气能力。

（2）针对资源环境的治理资金投入评价，主要将工业废水治理资金投入率、万吨工业污染废水治理完成投资、治理工业废水污染投资占GDP比重、环境污染治理投资占GDP比重、本年投入矿山环境治理资金占GDP比重、林业本年完成投资占GDP比重、工业废气治理设施本年运行费用占GDP比重、工业污染治理废气投资完成额占GDP比重8个指标作为评价指标。

（3）资源环境生态修复手段是指主要依靠生态系统自身修复能力和水平来实现资源环境保护的手段。资源环境的科技管理不仅包括采用科学技术和资金投入加大对资源环境的保护和治理力度，还需要通过其他的政策管理措施实现资源环境生态修复能力的水平提升。使资源环境实现自身生态修复能力的提升同样是对资源环境进行治理和保护的重要手段。以湿地为例，被誉为地球的“肾”的湿地是保障区域大气环境质量的重要生态要素，京津冀地区曾拥有丰富的湿地资源，但是随着经济社会发展的深入，湿地面积逐渐减少，京津冀地区大气环境涵养的重要生态屏障渐弱，导致京津冀地区雾霾等大气环境问题频发，因此，需要恢复该区域的生态修复能力，构建生态屏障，提高资源环境本身的生态抵御能力。本书选取了森林覆盖率、自然保护区面积占区域面积比重、湿地总面积占区域面积比重3个指标反映生态修复能力和水平。

同时，为了更加全面、客观地反映数据内涵，除个别数据选用直接数据外，其他大部分数据都进行了百分比转化。

3. 资源环境承载力使用消费子系统

人们对资源环境的消费需求以及所持有的态度与观念主要通过对资源环境的使用消费行为来反映。因此，对使用消费子系统的评价主要考查人们对资源环境使用消费的具体行为。

对水资源环境的使用消费主要集中在农业用水、工业用水、生活用水、生态用水，以及人们在生产生活的过程中对水环境污染的态度等。为此，本书选取万元 GDP 用水量、万元工业增加值用水量、人均用水量、农业用水总量占比、工业用水总量占比、生活用水总量占比、生态用水总量占比 7 个指标来衡量经济社会发展对水资源的需求情况。

对土地资源使用消费主要体现在农业用地、建设用地、生活用地、生态用地等方面。为此，本书选取了生活垃圾无害化处理率、人均公园绿地面积、建成区绿化覆盖率、建成区绿地率等反映生活用地和生态用地情况的 4 个指标，选取农用地占区域面积比重、建设用地占区域面积比重 2 个指标来反映农业用地和建设用地的情况。

大气环境的使用消费情况与人类使用传统能源和清洁能源有很强的相关性。通过对人们能源消费情况进行分析，可以间接对大气环境的使用消费情况进行衡量。由于对京津冀地区来说，煤、石油是人们消费的主要能源，这一行为也是造成大气环境污染的主要原因，因此，本书选取农林牧渔业最终消费情况（煤）占终端消费量（煤）比重、工业最终消费情况（煤）占终端消费量（煤）比重、建筑业最终消费情况（煤）占终端消费量（煤）比重、交通运输仓储和邮政业最终消费情况（煤）占终端消费量（煤）比重、批发零售业和住宿餐饮业最终消费情况（煤）占终端消费量（煤）比重、生活消费最终消费情况（煤）占终端消费量（煤）比重、农林牧渔业最终消费情况（石油）占终端消费量（石油）比重、工业最终消费情况（石油）占终端消费量（石油）比重、建筑业最终消费情况（石油）占终端消费量（石油）比重、交通运输仓储和邮政业最终消费情况（石油）占终端消费量（石油）比重、批发零售业和住宿餐饮业最终消费情况（石油）占终端消费量（石油）

比重、生活消费最终消费情况（石油）占终端消费量（石油）比重12个指标作为衡量标准。对于京津冀地区来说，农村的清洁能源主要以沼气为主，城市的清洁能源主要以天然气为主，因此，为反映清洁能源消费情况，本书选取了农村每人沼气拥有量、城市天然气使用人口占城市总人口比例2个指标。另外，本书选用了每万人拥有公交车辆这个指标作为衡量人类对大气环境保护所持态度的评价指标。除个别数据选用直接数据外，其他大部分数据都进行了百分比转化。

二、评价方法

如前所述，熵值法能够深刻地反映出指标信息熵值的效用价值，在分析复杂系统和不确定性问题方面具有优势。该方法适用于对资源环境承载力水平客观数据的权重进行测算，并且已经被学术界广泛应用在对区域生态环境承载力水平、可持续发展能力、人居环境质量、绿色经济发展综合水平、国土空间综合水平、地区循环经济发展等领域的研究中。为此，本书选择熵值法对资源环境承载力指标体系的权重和综合水平进行计算，其计算原理如下：

设有 m 个待评价年度，n 项评价指标，形成原始指标数据矩阵 $X = (X_{ij})_{m \cdot n}$。对于某项指标 X_{ij}，指标值 X_{ij} 的差距越大，权重越大；差距越小，权重越小。

（1）对数据进行无量纲化处理。其中，

对于正向指标的处理：

$$X'_{ij} = \frac{X_{ij} - \min(X_j)}{\max(X_j) - \min(X_j)} + 1 \tag{5.1}$$

对于负向指标的处理：

$$X'_{ij} = \frac{\max(X_j) - X_{ij}}{\max(X_j) - \min(X_j)} + 1 \tag{5.2}$$

（2）计算第 j 项指标下第 i 个评价年度占该指标的比重：

$$P_{ij} = \frac{X'_{ij}}{\sum_{i=1}^{m} X'_{ij}} \tag{5.3}$$

(3) 计算第 j 项指标的熵值 e_j：

$$e_j = -k\sum_{i=1}^{m} P_{ij}\ln P_{ij} \tag{5.4}$$

其中，k 与评价年度 m 有关，一般令 $k = 1/\ln m$，则 $0 \leqslant e \leqslant 1$。

(4) 计算第 j 项指标的差异系数 g_j：

$$g_j = 1 - e_j \tag{5.5}$$

对于第 j 项指标，g_j 越大，该指标提供的信息量越大，该指标越重要。

(5) 求 j 项指标的权重 W_j：

$$W_j = \frac{g_j}{\sum_{j=1}^{n} g_j} \tag{5.6}$$

(6) 计算各评价年度的综合得分 S_i：

$$S_i = \sum_{j=1}^{n} W_j P_{ij} \tag{5.7}$$

三、分类别资源环境承载力评价

分类别资源环境承载力评价是综合资源环境承载力评价的基础。本研究首先以水资源环境、土地资源环境、大气环境三类资源环境为研究对象，分别对京津冀三地这三类资源环境承载力水平进行评价，并在此基础上分别对京津冀地区整体的水资源环境、土地资源环境、大气环境承载力水平进行综合评价。基于绿色发展理念 WSR 系统方法论的评价指标体系的 W 污染破坏承载子系统，对应体现三类资源环境污染破坏承载水平的指标；S 科技管理子系统，对应体现三类资源环境科技管理水平的指标；R 使用消费子系统，对应体现三类资源环境使用消费水平的指标。本研究还进一步提炼出了水资源环境承载力评价指标（见附录表 1）、土地资源环境承载力评价指标（见附录表 2）、大气环境承载力评价指标（见附录表 3），并在此基础上，将整理的 2011—2021 年京津冀三地资源环境承载力评价指标数据分别代入公式（5.1）（5.2），进行无量纲化处理，再将无量纲化处理后的数据代入公式（5.3）（5.4）（5.5）（5.6），计算出各指标的熵值和权重，再将标准化后的数据和权重代入公式（5.7），计算京津冀三地各年份水资源环境、土地资源环境、大气环境承载力综合指数。同时，分别将京津冀三地水资源环境、土地资源环境、大气环境承载力看作一个整体，将各自三类资源环境的综合指数作为子系统，继续代入上述公式后，分别计算出各年份京津冀地区整体水资源环境、土地资源环境、大气环境承载力水平。

（一）水资源环境承载力评价

2011—2021 年，京津冀地区水资源环境承载力综合指数虽然存在起伏，但是整体上呈现如图 5.1 所示的上升趋势。

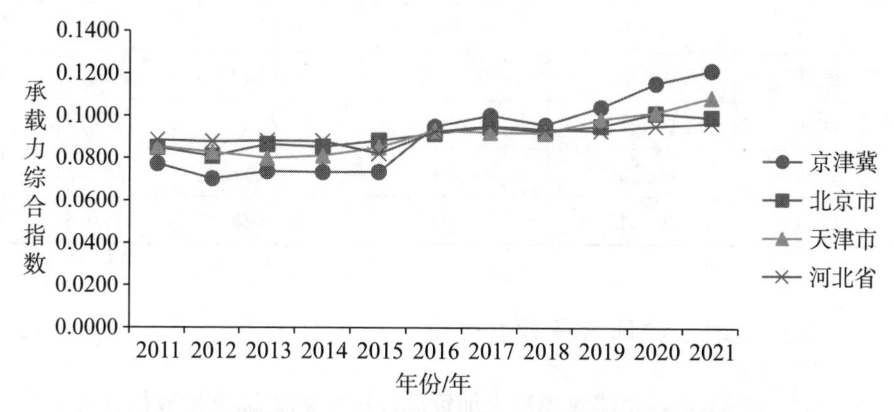

图 5.1　京津冀地区 2011—2021 年水资源环境承载力发展趋势

2011—2021 年，京津冀地区水资源环境承载力指数从 2011 年的 0.0772 发展到 2021 年的 0.1215。京津冀三地各自水资源环境承载力综合指数虽然也有起伏，但整体上均呈现上升趋势。其中，北京市从 2011 年的 0.0849 发展到 2021 年的 0.994；河北省从 2011 年的 0.0884 跃升到 2021 年的 0.0967；天津市由 2011 年的 0.0853 发展到 2021 年的 0.1088，位列京津冀地区第一位（见表 5.1）。近年来，天津市注重生态文明建设，着力推进供给侧结构性改革，调整产业结构，化解过剩产能，转变经济社会发展方式，实现了水资源环境承载力的稳步上升。

表 5.1　京津冀地区 2011—2021 年水资源环境承载力综合指数

年份/年	京津冀	北京市	天津市	河北省
2011	0.0772	0.0849	0.0853	0.0884
2012	0.0702	0.0808	0.0828	0.0877
2013	0.0737	0.0864	0.0800	0.0881
2014	0.0733	0.0853	0.0811	0.0879
2015	0.0734	0.0882	0.0850	0.0821
2016	0.0950	0.0916	0.0930	0.0924
2017	0.1003	0.0946	0.0921	0.0952
2018	0.0958	0.0924	0.0918	0.0934
2019	0.1041	0.0952	0.0985	0.0929
2020	0.1154	0.1013	0.1017	0.0951
2021	0.1215	0.0994	0.1088	0.0967

（二）土地资源环境承载力评价

2011—2021 年，京津冀地区土地资源环境承载力综合指数虽存在起伏，但整体上呈现上升趋势，如图 5.2 所示。

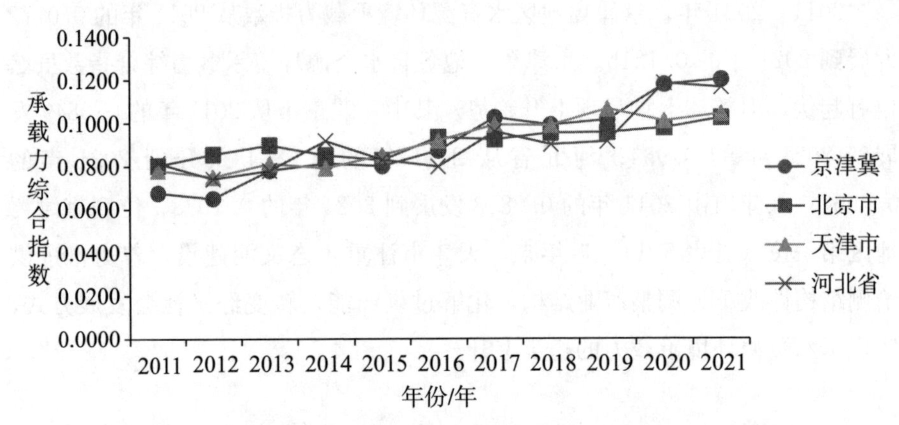

图 5.2　京津冀地区 2011—2021 年土地资源环境承载力发展趋势

京津冀地区土地资源环境承载力综合指数从 2011 年的 0.0677 发展到 2021 年的 0.1200。北京市从 2011 年的 0.0803 发展到 2021 年的 0.1023，但是在这个过程中略有起伏；天津市从 2011 年的 0.0781 发展到 2021 年的 0.1043，但是在这期间有所波动；河北省从 2011 年的 0.0815 发展到 2021 年的 0.1164，其间略有起伏（见表 5.2）。土地资源是经济社会发展的重要基础性资源。近年来，随着经济社会发展的加快，城市的建设力度增强，对各类土地资源的建设和使用进一步增多，在很大程度上影响了土地资源环境承载力水平提升。与此同时，三地对土地资源的保护也在相当大的程度上提升了土地资源利用率和承载水平。

表 5.2　京津冀地区 2011—2021 年土地资源环境承载力综合指数

年份/年	京津冀	北京市	天津市	河北省
2011	0.0677	0.0803	0.0781	0.0815
2012	0.0651	0.0855	0.0750	0.0741
2013	0.0781	0.0897	0.0812	0.0780
2014	0.0813	0.0851	0.0791	0.0917
2015	0.0801	0.0828	0.0852	0.0830
2016	0.0872	0.0934	0.0918	0.0798
2017	0.1025	0.0923	0.0992	0.0959
2018	0.0991	0.0953	0.0988	0.0900
2019	0.1014	0.0956	0.1064	0.0914
2020	0.1177	0.0977	0.1008	0.1183
2021	0.1200	0.1023	0.1043	0.1164

（三）大气环境承载力评价

虽然在过去数年雾霾等大气污染问题影响京津冀地区的生产生活，但是京津冀地区大气环境承载力综合水平整体上仍呈现上升趋势（见图 5.3）。

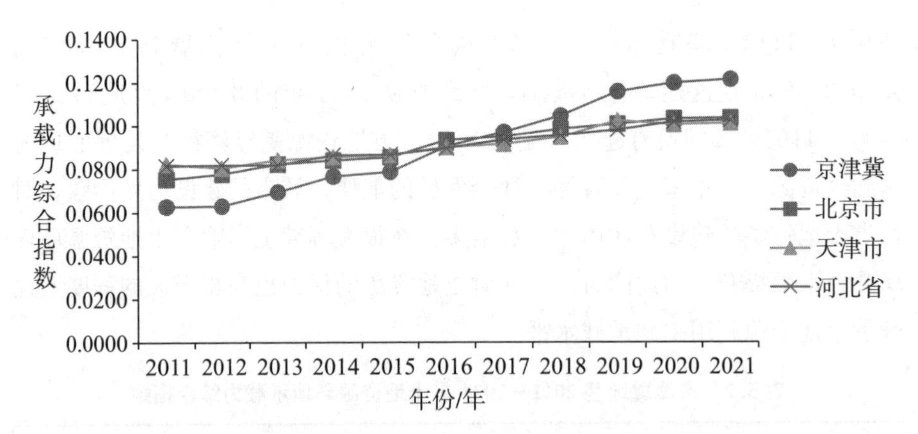

图 5.3 京津冀地区 2011—2021 年大气环境承载力发展趋势

2011—2021 年，京津冀地区大气环境承载力综合指数从 2011 年的 0.0628 发展到 2021 年的 0.1213。北京市大气环境承载力综合指数从 2011 年的 0.0754 发展到 2021 年的 0.1036；天津市大气环境承载力综合指数从 2011 年的 0.0823 发展到 2021 年的 0.1012；河北省大气环境承载力指数从 2011 年的 0.0816 发展到 2021 年的 0.1026（见表 5.3）。面对严峻的大气环保压力，京津冀地区加强了对大气污染的严防严控，保持了对相关违法行为严打的高压态势，有力推进了京津冀地区空气质量改善，实现了京津冀地区大气环境的稳步发展。

表 5.3 京津冀地区 2011—2021 年大气环境承载力综合指数

年份/年	京津冀	北京市	天津市	河北省
2011	0.0628	0.0754	0.0823	0.0816
2012	0.0630	0.0777	0.0806	0.0818
2013	0.0695	0.0823	0.0842	0.0820
2014	0.0767	0.0841	0.0856	0.0864
2015	0.0788	0.0855	0.0865	0.0867
2016	0.0904	0.0934	0.0902	0.0896
2017	0.0972	0.0951	0.0916	0.0936
2018	0.1047	0.0986	0.0948	0.0957
2019	0.1158	0.1009	0.1024	0.0982

续表

年份/年	京津冀	北京市	天津市	河北省
2020	0.1198	0.1033	0.1006	0.1019
2021	0.1213	0.1036	0.1012	0.1026

四、综合资源环境

在综合京津冀地区水资源环境、土地资源环境、大气环境评价指标体系的基础上，构建京津冀地区资源环境承载力评价指标体系，设置污染破坏承载子系统、科技管理子系统、使用消费子系统，将整理的2011—2021年京津冀三地资源环境承载力评价指标数据代入公式（5.1）（5.2），进行非负化处理，再将处理后的数据代入公式（5.3）（5.4）（5.5）（5.6），计算各指标的熵值和权重（见表5.4）。

表 5.4　京津冀地区 2011—2021 年资源环境承载力评价体系影响因素权重

准则层	指标层	指标性质	计算方法	北京市		天津市		河北省	
				熵值	权重	熵值	权重	熵值	权重
污染破坏承载子系统	X_1 化学需氧量排放总量	逆指标	直接数据	0.9845	0.0243	0.9852	0.0221	0.9853	0.0231
	X_2 氨氮排放量	逆指标	直接数据	0.9846	0.0241	0.9819	0.0271	0.9849	0.0238
	X_3 石油类排放量	逆指标	直接数据	0.9919	0.0127	0.9892	0.0162	0.9890	0.0172
	X_4 挥发酚排放量	逆指标	直接数据	0.9925	0.0118	0.9911	0.0133	0.9943	0.0090
	X_5 氰化物排放量	逆指标	直接数据	0.9935	0.0101	0.9917	0.0125	0.9933	0.0105
	X_6 铅排放量	逆指标	直接数据	0.9882	0.0184	0.9929	0.0106	0.9949	0.0080
	X_7 六价铬排放量	逆指标	直接数据	0.9909	0.0143	0.9933	0.0101	0.9887	0.0177
	X_8 砷排放量	逆指标	直接数据	0.9936	0.0101	0.9933	0.0100	0.9920	0.0125
	X_9 每千公顷耕地面积施用化肥量（万吨/千公顷）	逆指标	化肥施用量/耕地面积	0.9896	0.0162	0.9884	0.0174	0.9885	0.0180
	X_{10} 每平方公里存放工业固体废物产生量（吨/平方公里）	逆指标	工业固体废物产生量/区域面积	0.9902	0.0153	0.9894	0.0158	0.9870	0.0204
	X_{11} 每万人城市人口产生垃圾数（吨/万人）	逆指标	城市生活垃圾清运量/城市人口数	0.9907	0.0145	0.9933	0.0100	0.9847	0.0239
	X_{12} 采矿许可证颁发有效登记面积占区域面积比重（%）	逆指标	采矿许可证颁发有效登记面积/区域面积	0.9943	0.0090	0.9925	0.0113	0.9920	0.0126
	X_{13} 沉降区面积占区域面积比重（%）	逆指标	沉降区面积/区域面积	0.9941	0.0093	0.9902	0.0147	0.9934	0.0104

续表

准则层	指标层	指标性质	计算方法	北京市		天津市		河北省	
				熵值	权重	熵值	权重	熵值	权重
污染破坏承载子系统	X_{14}二氧化硫排放量（万吨）	逆指标	直接数据	0.9853	0.0231	0.9838	0.0243	0.9866	0.0211
	X_{15}氮氧化物排放量（万吨）	逆指标	直接数据	0.9895	0.0165	0.9878	0.0182	0.9893	0.0167
	X_{16}烟（粉）尘排放量（万吨）	逆指标	直接数据	0.9874	0.0197	0.9926	0.0111	0.9899	0.0158
	X_{17}火力发电比例（%）	逆指标	火力发电量/总发电量	0.9895	0.0166	0.9889	0.0167	0.9914	0.0135
	X_{18}火力发电用煤量比重（%）	逆指标	火力发电用煤量/煤炭能源量	0.9895	0.0165	0.9925	0.0112	0.9906	0.0147
	X_{19}供热用煤量比重（%）	逆指标	供热用煤量/煤炭能源量	0.9929	0.0112	0.9916	0.0126	0.9938	0.0097
	X_{20}火力发电用油量比重（%）	逆指标	火力发电用油量/油能源量	0.9894	0.0166	0.9929	0.0106	0.9912	0.0138
	X_{21}供热用油量比重（%）	逆指标	供热用油量/油能源量	0.9947	0.0083	0.9914	0.0128	0.9920	0.0125
科技管理子系统	X_{22}工业废水治理设施日均处理能力（万吨/日）	正指标	直接数据	0.9852	0.0232	0.9918	0.0122	0.9938	0.0097
	X_{23}工业废水治理资金投入率（%）	正指标	治理废水费用/污染治理完成投资	0.9881	0.0187	0.9920	0.0120	0.9892	0.0170
	X_{24}万吨工业污染废水治理完成投资（万元/万吨）	逆指标	治理工业污染废水完成投资/工业废水排放总量	0.9917	0.0129	0.9945	0.0083	0.9952	0.0076
	X_{25}治理工业废水污染投资占GDP比重（%）	正指标	治理工业污染废水完成投资/GDP	0.9889	0.0173	0.9900	0.0149	0.9860	0.0219

续表

准则层	指标层	指标性质	计算方法	北京市		天津市		河北省	
				熵值	权重	熵值	权重	熵值	权重
科技管理子系统	X_{26}水资源无害化处理能力（吨/日）	正指标	直接数据	0.9888	0.0176	0.9855	0.0216	0.9911	0.0140
	X_{27}人均水库拥有容量（亿立方米/万人）	正指标	水库总库容量/本地区总人口	0.9945	0.0086	0.9914	0.0129	0.9922	0.0122
	X_{28}环境污染治理投资占GDP比重（%）	正指标	环境污染治理投资/GDP	0.9932	0.0106	0.9884	0.0173	0.9920	0.0126
	X_{29}一般固体废物综合利用比重（%）	正指标	一般固体废物综合利用量/一般固体废物产生量	0.9920	0.0126	0.9879	0.0182	0.9894	0.0167
	X_{30}本年投入矿山环境治理资金占GDP比重（%）	正指标	投入矿山环境治理资金/GDP	0.9910	0.0141	0.9903	0.0145	0.9923	0.0121
	X_{31}林业本年完成投资占GDP比重（%）	正指标	林业本年完成投资/ GDP	0.9943	0.0089	0.9902	0.0147	0.9907	0.0146
	X_{32}本年新增水土流失治理面积占区域面积比重（%）	正指标	本年新增水土流失治理面积/区域面积	0.9880	0.0188	0.9876	0.0186	0.9929	0.0111
	X_{33}土地整治项目规模占区域面积比重（%）	正指标	土地整治项目规模/区域面积	0.9953	0.0074	0.9931	0.0103	0.9918	0.0129
	X_{34}森林覆盖率（%）	正指标	直接数据	0.9867	0.0208	0.9875	0.0187	0.9846	0.0242
	X_{35}自然保护区面积占区域面积比重（%）	正指标	自然保护区面积/区域面积	0.9879	0.0190	0.9944	0.0084	0.9945	0.0087

续表

准则层	指标层	指标性质	计算方法	北京市		天津市		河北省	
				熵值	权重	熵值	权重	熵值	权重
科技管理子系统	X_{36}工业废气治理设施处理废气能力（亿立方米/套）	正指标	工业废气排放量/工业废气治理设施数	0.9940	0.0094	0.9932	0.0102	0.9938	0.0097
	X_{37}工业废气治理设施本年运行费用占 GDP 比重（%）	正指标	工业废气治理设施本年运行费用/GDP	0.9872	0.0201	0.9869	0.0196	0.9933	0.0105
	X_{38}工业污染治理废气投资完成额占 GDP 比重（%）	正指标	工业污染治理废气投资完成额/GDP	0.9875	0.0197	0.9885	0.0172	0.9897	0.0162
	X_{39}湿地总面积占区域面积比重（%）	正指标	直接数据	0.9892	0.0170	0.9892	0.0162	0.9807	0.0303
使用消费子系统	X_{40}万元 GDP 用水量(立方米/万元)	逆指标	用水总量/GDP	0.9922	0.0122	0.9928	0.0107	0.9929	0.0111
	X_{41}万元工业增加值用水量（立方米/万元）	逆指标	工业用水量/工业增加值	0.9930	0.0110	0.9891	0.0164	0.9942	0.0091
	X_{42}人均用水量（立方米/人）	逆指标	直接数据	0.9855	0.0227	0.9781	0.0328	0.9852	0.0233
	X_{43}农业用水总量占比（%）	正指标	农业用水总量/用水总量	0.9888	0.0176	0.9887	0.0169	0.9893	0.0167
	X_{44}工业用水总量占比（%）	逆指标	工业用水总量/用水总量	0.9928	0.0113	0.9916	0.0125	0.9908	0.0144
	X_{45}生活用水总量占比（%）	逆指标	生活用水总量/用水总量	0.9894	0.0166	0.9909	0.0137	0.9886	0.0179
	X_{46}生态用水总量占比（%）	正指标	生态用水总量/用水总量	0.9905	0.0150	0.9872	0.0192	0.9890	0.0172
	X_{47}生活垃圾无害化处理率（%）	正指标	直接数据	0.9944	0.0087	0.9942	0.0087	0.9911	0.0140

续表

准则层	指标层	指标性质	计算方法	北京市		天津市		河北省	
				熵值	权重	熵值	权重	熵值	权重
使用消费子系统	X_{48}人均公园绿地面积（平方米/人）	正指标	直接数据	0.9913	0.0136	0.9921	0.0119	0.9902	0.0153
	X_{49}建成区绿化覆盖率（%）	正指标	直接数据	0.9923	0.0121	0.9882	0.0176	0.9898	0.0160
	X_{50}建成区绿地率（%）	正指标	直接数据	0.9937	0.0099	0.9889	0.0167	0.9862	0.0216
	X_{51}农用地占区域面积比重（%）	逆指标	农用地/区域面积	0.9937	0.0099	0.9900	0.0150	0.9945	0.0087
	X_{52}建设用地占区域面积比重（%）	逆指标	建设用地/区域面积	0.9948	0.0082	0.9948	0.0078	0.9946	0.0085
	X_{53}每万人拥有公交车辆（标台）	正指标	直接数据	0.9950	0.0079	0.9941	0.0089	0.9885	0.0181
	X_{54}农村每人沼气拥有量（立方米/人）	正指标	沼气池产气总量/农村总人口	0.9919	0.0127	0.9916	0.0126	0.9935	0.0102
	X_{55}城市天然气用气人口占城市总人口比例（%）	正指标	城市天然气用气人口/城市总人口	0.9841	0.0250	0.9836	0.0246	0.9876	0.0194
	X_{56}农林牧渔业最终消费情况（煤）占终端消费量（煤）比重（%）	逆指标	农林牧渔业最终消费/终端消费（煤）	0.9883	0.0184	0.9916	0.0126	0.9871	0.0202
	X_{57}工业最终消费情况（煤）占终端消费量（煤）比重（%）	逆指标	工业最终消费/终端消费（煤）	0.9928	0.0114	0.9911	0.0133	0.9939	0.0095
	X_{58}建筑业最终消费情况（煤）占终端消费量（煤）比重（%）	逆指标	建筑业最终消费/终端消费（煤）	0.9911	0.0139	0.9867	0.0200	0.9901	0.0155

续表

准则层	指标层	指标性质	计算方法	北京市		天津市		河北省	
				熵值	权重	熵值	权重	熵值	权重
使用消费子系统	X_{59}交通运输仓储和邮政业最终消费情况（煤）占终端消费量（煤）比重（%）	逆指标	交通运输仓储和邮政业最终消费/终端消费（煤）	0.9883	0.0183	0.9803	0.0295	0.9885	0.0181
	X_{60}批发零售业和住宿餐饮业最终消费情况（煤）占终端消费量（煤）比重（%）	逆指标	批发零售业和住宿餐饮业最终消费/终端消费（煤）	0.9903	0.0153	0.9933	0.0100	0.9939	0.0095
	X_{61}生活消费最终消费情况（煤）占终端消费量（煤）比重（%）	逆指标	生活消费最终消费/终端消费（煤）	0.9904	0.0151	0.9918	0.0123	0.9919	0.0127
	X_{62}农林牧渔业最终消费情况（石油）占终端消费量（石油）比重（%）	逆指标	农林牧渔业最终消费/终端消费（石油）	0.9884	0.0182	0.9912	0.0131	0.9885	0.0181
	X_{63}工业最终消费情况（石油）占终端消费量（石油）比重（%）	逆指标	工业最终消费/终端消费（石油）	0.9913	0.0136	0.9869	0.0196	0.9890	0.0172
	X_{64}建筑业最终消费情况（石油）占终端消费量（石油）比重（%）	逆指标	建筑业最终消费/终端消费（石油）	0.9942	0.0091	0.9918	0.0123	0.9908	0.0145
	X_{65}交通运输仓储和邮政业最终消费情况（石油）占终端消费量（石油）比重（%）	逆指标	交通运输仓储和邮政业最终消费/终端消费（石油）	0.9896	0.0163	0.9924	0.0114	0.9900	0.0158

续表

准则层	指标层	指标性质	计算方法	北京市		天津市		河北省	
				熵值	权重	熵值	权重	熵值	权重
使用消费子系统	X_{66}批发零售业和住宿餐饮业最终消费情况（石油）占终端消费量（石油）比重（%）	逆指标	批发零售业和住宿餐饮业最终消费/终端消费（石油）	0.9797	0.0318	0.9933	0.0101	0.9937	0.0099
	X_{67}生活消费最终消费情况（石油）占终端消费量（石油）比重（%）	逆指标	生活消费最终消费/终端消费（石油）	0.9944	0.0087	0.9894	0.0158	0.9931	0.0108

（一）污染破坏承载子系统评价

通过对京津冀地区资源环境承载力污染破坏承载子系统评价可以发现，对京津冀三地资源环境产生影响的要素因各地区经济社会发展的实际情况不同而有所不同。

1. 北京市

当前对北京市的水资源环境、土地资源环境、大气环境造成较大压力的污染破坏因素分别是化学需氧量排放总量、每千公顷耕地面积施用化肥量、二氧化硫排放量。其中，化学需氧量排放是造成北京市水环境污染的主要因素之一，权重为 0.0243。化学需氧量的值越大，表示水体受污染越严重。近年来，随着北京市经济社会发展，相关企业存在超标排放污水的情况。例如，2021 年，北京市启动整治商超排水专项行动，多家商超排放超标污水，有 15 家用水户存在不落实节约用水管理责任的情况，有 38 家排水户向排水管网排放超标污水，其中，君太百货向排水管网所排污水中的化学需氧量超标两倍多。每千公顷耕地面积施用化肥量增加是造成北京市土地资源破坏的主要因素，权重为 0.0162。长期以来，随着人口增长和农业生产规模扩大，化肥的使用量也在不断增加，许多农民为了提高农作物的产量，会过量施肥，导致化肥浸入土壤中，不当的化肥使用不仅使得植物无法充分吸收所需的养分，还会造成土壤中化肥残留，从而导致土壤中的化学物质浓度过高，产生土壤污染，影响土壤生态系统平衡，进一步降低北京市土地资源环境承载力水平。二氧化硫排放总量增加是造成北京市大气环境污染的主要原因之一，权重为 0.0231。除二氧化硫外，包括氮氧化物、烟（粉）尘等在内的各类污染物也主要来自煤炭的燃烧释放。另外，化学需氧量排放总量这一指标在北京市污染破坏承载子系统中所占的权重最大，进一步说明了水资源环境问题对于北京市资源环境承载力的影响较为重要，水资源环境问题是北京市需要着力解决的突出资源环境问题。

2. 天津市

当前对天津市的水资源环境、土地资源环境、大气环境造成较大压力的污染破坏因素是氨氮排放量、每千公顷耕地面积施用化肥量、二氧化硫排放量。氨氮排放量是造成天津市水环境污染的主要因素之一，权重为0.0271。氨氮主要来源于生活污水中含氮有机物的分解，焦化、合成氨等工业废水，以及农田排水等。企业生产中产生的废水氨氮也会过高，如垃圾渗滤液、催化剂生产厂废水、肉类加工废水、合成氨化工废水等都含有极高浓度的氨氮。近年来，天津市水资源短缺，承接上游和境内污染负荷较大，水体自净能力弱，水环境质量不容乐观。从水质监测结果看，近十年试点区域主要河流水质主要为Ⅴ类、劣Ⅴ类，主要污染物为化学需氧量、氨氮、总磷。随着区域内第三产业的迅速发展，生活污水、工业污水、农业污水的氨氮排放量都明显增加，成了影响天津市水资源环境的主要指标。每千公顷耕地面积施用化肥量增加是造成天津市土地资源破坏的主要因素，权重为0.0174。化学农药实施是污染土壤和影响农产品品质的重要因素。近年来，由于天津市种植制度的变化，园田面积增加，尤其是保护地面积飞速增长，在保护地蔬菜栽培中普遍存在重茬现象，致使蔬菜病虫害发生日益增多。大量使用化学农药，又使蔬菜农药污染不断加重。例如，近年来在韭菜上用剧毒农药灌根现象十分普遍。二氧化硫排放量是造成天津市大气污染的主要因素之一，权重为0.0243。当前，为了最大限度地消除使用煤炭进行冬季采暖造成的空气污染，天津市加强了对天然气等替代能源的使用，但没有从根本上改变以煤炭消耗为主的能源消耗基本面。二氧化硫仍然是天津市大气污染的主要污染来源。另外，氨氮排放量指标在天津市污染破坏承载子系统中所占的权重最大，进一步说明了水资源环境对于天津市资源环境承载力的影响较为重要，水资源环境问题是天津市需要着力解决的突出资源环境问题。

3. 河北省

当前对河北省的水资源环境、土地资源环境、大气环境造成较大压力的污染破坏因素是氨氮排放量、每万人城市人口产生垃圾数、二氧化硫排放量。氨氮排放量是造成河北省水资源环境污染的主要因素之一，权重为0.0238。近年来，对于河北省来说，随着经济社会发展的压力增大，无论是生活、工业，还是农业都加大了氨氮的产生和排放，在很大程度上加重了对水资源的污染。每万人城市人口产生垃圾数是造成河北省土地资源破坏的另一主要因素，权重为0.0239。近年来，随着河北省城镇化的发展，河北省城市生活垃圾产生量迅速增长，在一定程度上给城市生活垃圾的处理带来了巨大的压力。目前，河北省城市生活垃圾处理基本上采用三种方式——填埋、堆肥和焚烧，其中，80％的垃圾采用填埋来处理。因此，河北省城市生活垃圾处理存在的问题主要是城市生活垃圾产生量日益增长与垃圾处理产业化相对滞后矛盾，以填埋为主的城市垃圾处理方式严重影响河北省土地资源承载水平。二氧化硫排放量这一指标的权重为0.0211。近年来，河北省经济社会发展的一项重要内容是调整高污染、高耗能的产业结构，而高污染、高耗能的典型行动代表就是消费煤炭能源。而在煤炭能源的使用中，火力发电是满足企业发展、居民生活、公共事业等的需求的基础性电力来源。二氧化硫是煤炭燃烧后排放的主要污染物。二氧化硫排放量反映了河北省经济社会发展的能源消费的基本面，同时也是造成河北省大气污染的主要来源。另外，每万人城市人口产生垃圾数这一指标在河北省污染破坏子系统中所占的权重最大，进一步说明了土地资源环境问题对于河北省资源环境承载力的影响较为重大，土地资源环境问题是河北省需要着力解决的突出资源环境问题。

（二）科技管理子系统评价

通过对京津冀地区资源环境承载力科技管理子系统评价发现，在提升京津冀地区资源环境承载力的过程中，不仅需要通过管理和技术手段加大对各类污染物的治理，还需要遵循生态的自我修复规律，通过科技管理增强资源环境内在修复功能，进而提升资源环境承载能力和水平。

1. 加大科技治污管理投入，增强科技研发治污能力

由于废水排放是造成京津冀地区水资源环境破坏的重要因素，所以废水处理能力成为京津冀地区运用科技管理手段提升资源环境承载力水平的重要内容。其中，工业废水治理设施日均处理能力是反映北京市水资源环境科技管理水平的主要指标，权重为0.0232。为了保证首都的干净、整洁，以及提高该市的水资源环境水平，北京市加大了对污水治理的科技投入，在很大程度上提升了水资源环境治理的效果。对于天津市来说，水资源无害化处理

能力是反映天津市水资源环境科技管理水平的主要指标，权重为0.0216。对于天津市来说，最主要的是加大对包括生产生活用水在内的水资源的无害化处理能力。例如，“十三五”期间，天津市入河污染物总量依然较大，水环境质量改善任务艰巨，水环境承载能力还较弱，入境断面水质年均劣于V类的占比分别为82.4%、60%和34.3%。对于河北省来说，治理工业废水污染治理投资占GDP比重是反映河北省水资源环境科技管理水平的主要指标，权重为0.0219。对于河北省来说，最主要的是加大对工业污水治理的投入，治理资金投入水平在很大程度上影响了河北省水资源环境科技管理的水平。为支持深入打好污染防治攻坚战，以2021年为例，河北省累计投入水污染防治领域的资金达256.28亿元，投入资金主要用于支持全省开展重点流域水污染防治、良好水体生态环境保护、地下水环境保护及污染修复、地下水超采综合治理等工作，重点推进京津冀流域上下游横向生态补偿、白洋淀流域生态环境治理，持续推动实施蓝色海湾整治行动和渤海生态环境保护修复。

随着京津冀三地协同发展速度加快，三地都选择加大对污水治理的投入以及科学管理，不仅在很大程度上提升了水资源环境治理的效果，对于解决京津冀水污染问题也具有十分重要意义。

2. 加强资源环境生态修复，增强抵御污染破坏能力

在土地资源环境科技管理方面，提高森林覆盖率成为提升京津冀地区土地资源环境承载力水平的主要科技管理手段。森林覆盖率指标对北京市、天津市、河北省的影响重大，权重分别为0.0208、0.0187、0.0242。对于京津冀三地来说，十分重要的一点是通过植树造林等方式加强水土保持工作，加大对林业的建设经费投入，提高森林覆盖率。另外，由于天津市的河道水系比较丰富，因此在一定程度上加剧了水土流失，进而对天津市土地资源造成了一定的破坏。而植树造林是减少水土流失的重要的自然手段和方法。对于河北省来说，河北省可以通过加大对森林植被的建设和保护，进一步提高土地资源的生态化水平，进而加大对土地资源的保护。京津冀地区可以通过提高森林覆盖率、加强自然保护区建设、加强城市绿化、建设郊野公园等各类功能性生态公共基础设施，构建城乡融合的生态基础设施网络，在满足人们对土地资源使用消费需求的同时，不断提升土地资源环境承载力的水平。

3. 加大治理设施资金投入，增强生态涵养自洁能力

在大气环境科技管理方面，一方面注重加大对大气环境治理设施的资金投入，另一方面注重提升生态涵养能力，通过生态自洁方式提升大气环境质量。其中，工业废气治理设施本年运行费用占GDP比重指标是反映北京市、天津市大气环境科技管理水平的主要指标，权重分别为0.0201和0.0196。近年来，北京市和天津市十分注重对大气环境治理的资金投入和工程补偿。北京市2012年颁布的《北京市工业废气治理工程补助资金管理暂行办法》对实施水泥窑烟气脱硝工程、物料储存密闭化改造工程、工业燃重油设施清洁能源改造的企业给予资金补助。天津市2023年环保专项补贴中规定根据项目实际年节能量，给予用能单位400元/吨标准煤的资金补助，单个项目的补助资金不超过400万元且不超过项目总投资的30%。

湿地，被称为地球之“肾”，是位于陆生生态系统和水生生态系统之间的过渡性地带。湿地内丰富的植物群落，能够吸收大量的二氧化碳，并放出氧气，一些植物还具有吸收空气中有害气体的功能，能有效调节大气组成，对于防控“雾霾”也具有重要的作用。由于“雾”和“霾”不一样，“雾”是由湿度决定的，而“霾”是空气中悬浮着大量的烟、尘等微粒而形成的混浊现象。提高湿地本身的自然生态调节能力，发挥湿地对大气的净化作用，是大气环境科技管理的重要手段，多留湿地能少中“霾伏”，改善自然系统的“自净”功能，起到“水清气自净”的作用。湿地总面积占区域面积比重这一指标是反映河北省大气环境科技管理水平的主要指标，权重为0.0303。河北省也加强了对包括湿地在内的生态屏障的建设，不断提升大气环境质量。2015年河北省印发《河北省湿地保护规划（2015—2030年）》，提出到规划期末河北省湿地保护率要由38%提高到46.8%。为了加强湿地保护，改善生态环境，维护湿地生态功能和生物多样性，促进湿地资源可持续利用，河北省又于2016年9月公布了《河北省湿地保护条例》。截至2022年10月，河北建立湿地公园58处，其中国家湿地公园（含试点）22处，省级湿地公园36处。

（三）使用消费子系统评价

通过对京津冀地区资源环境承载力使用消费子系统评价可以发现，京津冀地区资源环境的使用消费受到人民生产生活水平的提升、产业发展规模的扩大等的影响。三地的具体情况在水资源环境和土地资源环境方面具有相似性，在大气环境方面有所不同。

1. 北京市

当前对于北京市的水资源环境、土地资源环境、大气环境造成较大消费压力的是人均用水量、人均公园绿地面积、批发零售业和住宿餐饮业最终消费情况（石油）占终端消费量（石油）比重。其中，人均用水量指标是影响北京市水资源消费的主要因素之一，权重为0.0227。近年来，北京市加强了对非首都功能的疏解，加强了对北京市经济结构的调整，其主要原因之一就是北京市的人口规模扩大，人口密度严重超过了城市的承载力。在京津冀地区，北京市人口密度最大，是河北省人口密度的3倍多。人口对水资源的消费成为北京市水资源消费的重要内容。人均公园绿地面积指标是影响北京市土地资源消费的主要因素之一，权重为0.0136。随着北京市广大居民对良好生活环境的需求，进而对城市公园绿地面积的需求量越来越大，该指标较为直接地反映了北京市民对土地资源消费的重要方向。批发零售业和住宿餐饮业最终消费情况（石油）占终端消费量（石油）比重指标一方面反映了北京市以第三产业为主的产业结构，同时也反映了第三产业对石油的消费情况是影响北京市大气环境消费的主要因素，权重为0.0318。长期以来，北京市加强了对产业结构的调整，已经形成了第三产业所占比重大于第二产业，第二产业大于第一产业的产业结构格局，产业结构调整最核心的驱动力是区域内人们消费需求导向的转变。近年来，北京市注重对非首都功能的进一步疏解，将首钢等大中型企业迁出北京市，进一步消除工业的煤炭能源消费对本地区大气环境的影响。与此同时，北京作为政治经济中心的地位更加凸显，人们在零售业、餐饮业、旅游业、住宿业等领域的消费需求持续增加，进而加大了相关行业对能源特别是石油资源的消费，进而对北京市大气环境带来污染。

2. 天津市

当前对于天津市的水资源环境、土地资源环境、大气环境造成较大消费压力的是人均用水量、建成区绿化覆盖率、交通运输仓储和邮政业最终消费情况（煤）占终端消费量（煤）比重。人均用水量反映了城市用水是影响天津市水资源消费的主要因素，权重为0.0328。近年来，天津市加快了区域经济社会发展的步伐，加强了城市建设，人口规模不断扩大，使得人均用水量成为影响天津市水资源使用消费的重要因素。建成区绿化覆盖率是影响天津市土地资源消费的主要因素，权重为0.0176。对于天津市来说，随着区域经济的发展，天津市民期盼有良好的生活环境。建成区绿化覆盖率指标反映了人们对土地资源消费的主要需求。增加本地区绿化面积为广大市民提供丰富的生活场地，进而提高生活的满意度具有十分重要的意义。交通运输仓储和邮政业最终消费情况（煤）占终端消费量（煤）比重指标作为反映天津市服务业发展需求的指标，是影响天津市大气环境消费的主要因素，权重为0.0295。当前大力发展第三产业仍是天津市的重要产业结构调整方向，《天津市国民经济和社会发展第十四个五年规划和二〇三五年远景目标》明确指出“十四五”期间提升现代服务业发展能级。因此，在大力发展服务业的过程中，天津必然加大了服务业领域中对于交通、仓储、物流等的投入和消费。交通、仓储、物流等方面的消费以煤化工产品的消费为主，也构成了大气环境污染的主要因素。

3. 河北省

当前对于河北省的水资源环境、土地资源环境、大气环境造成较大消费压力的是人均用水量、建成区绿地率、农林牧渔业最终消费情况（煤）占终端消费量（煤）比重。人均用水量是影响河北省水资源消费的主要因素，权重为0.0233。河北省淡水资源缺乏，人民生活水平的提升又进一步加大了对水资源消费的需求，造成人均用水量成了反映河北省水资源消费的重要指标。建成区绿地率是影响河北省土地资源消费的主要因素，权重为0.0216。河北省与天津市一样，处于经济建设快速发展时期，河北省的广大人民群众在改善基本生活条件的同时，更加注重对优化生活环境的需求，因此在各类基础设施建设过程中对建成区绿地面积的需求较大，进而对土地资源的使用消费形成了较大压力。农林牧渔业最终消费情况（煤）占终端消费量（煤）比重指标作为反映河北省第一产业发展需求的指标，是影响河北省大气环境消费的主要因素，权重为0.0202。对于河北省来说，第一产业始终在河北省的产业结构中发挥着重要的作用，直接反映在农林牧渔业最终消费情况（煤）占终端消费量（煤）比重的权重最高。因此，现阶段，第一产业对煤炭的消费是影响河北省大气环境的重要消费行为。

（四）综合水平评价

本书在对京津冀三地资源环境承载力指标权重计算的基础上，将标准化后的数据和权重代入公式（5.7），计算出各年份各地区资源环境承载力综合指数。同时，将京津冀三地看作一个整体，分别以三地资源环境承载力综合指数作为子系统，将数据代入熵值法计算公式后，进一步计算出各年份京津冀地区整体资源环境承载力综合指数。通过对2011—2021年京津冀地区资源环境承载力综合指数分析发现，11年间，京津冀地区资源环境承载力综合指数虽有些微波动，但是整体上呈现上升趋势（见图5.4）。

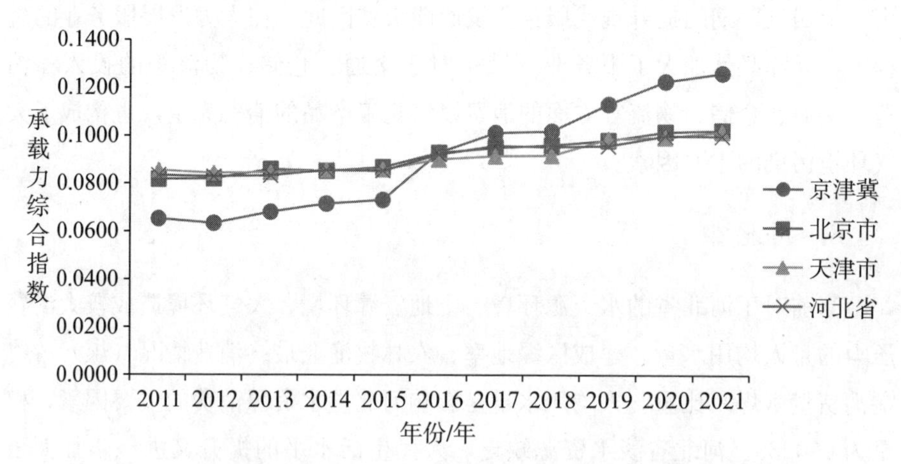

图5.4　京津冀地区2011—2021年资源环境承载力综合指数变化情况

京津冀地区资源环境承载力综合指数从2011年的0.0653发展到2021年的0.1262。京津冀三地各自资源环境承载力综合指数均呈现上升趋势。其中，北京市从2011年的0.0817发展到2021年的0.1024；天津市从2011

年的0.0855发展到2021年的0.1018；河北省从2011年的0.0834发展到2021年的0.1000（见表5.5）。近年来，北京市加强了对自身高污染、高耗能产业的调整，进一步提升了自身资源环境承载力水平，2020年承载力指数便超过了天津市、河北省，位列京津冀地区第一位。

表5.5　京津冀地区2011—2021年资源环境承载力综合指数

年份/年	京津冀	北京市	天津市	河北省
2011	0.0653	0.0817	0.0855	0.0834
2012	0.0634	0.0820	0.0844	0.0828
2013	0.0681	0.0861	0.0848	0.0833
2014	0.0716	0.0853	0.0856	0.0856
2015	0.0732	0.0869	0.0860	0.0854
2016	0.0931	0.0929	0.0903	0.0923
2017	0.1013	0.0951	0.0916	0.0959
2018	0.1020	0.0961	0.0919	0.0954
2019	0.1132	0.0982	0.0987	0.0959
2020	0.1227	0.1017	0.0995	0.1001
2021	0.1262	0.1024	0.1018	0.1000

五、本章小结

本章首先明确了资源环境承载力指标体系构建所依据的科学性、系统性、层次性、主导因素、可操作性等原则；其次，结合绿色发展理念WSR系统方法论的理论模型，结合影响京津冀地区经济社会发展的水资源环境、土地资源环境、大气环境以及能源的使用消费情况，参考比照以往京津冀地区资源环境承载力研究的相关内容，构建资源环境承载力评价指标体系；最后，结合统计数据，利用熵值法对京津冀地区分类别资源环境承载力水平、京津冀地区综合资源环境承载力水平、影响京津冀地区资源环境承载力水平的主要因素进行了评价分析。从总体上看，京津冀地区资源环境承载力水平呈现上升趋势；影响京津冀三地资源环境承载力水平的主要因素有所不同，与京津冀三地的人口特点、产业结构等有很大关系。

第 六 章

DILIUZHANG

京津冀地区资源环境承载力系统分析

在对京津冀地区资源环境承载力综合指数分析研究的基础上，本章将综合运用耦合协调分析法、灰色关联分析法等系统分析方法对资源环境承载力系统内部各要素之间的协调程度、关联程度进行计算和评价，进而对京津冀地区资源环境承载力进行系统分析。

一、系统分析方法

（一）耦合协调分析法

根据耦合协调相关理论研究以及耦合协调度模型，推演出资源环境承载力系统耦合协调度公式，具体计算步骤如下：

（1）计算各子系统综合效益。

$$f(x) = \sum_{i=1}^{n} a_i x'_i \tag{6.1}$$

$$g(y) = \sum_{i=1}^{n} b_i y'_i \tag{6.2}$$

$$h(z) = \sum_{i=1}^{n} c_i z'_i \tag{6.3}$$

式中，$f(x)$、$g(y)$、$h(z)$ 分别代表 3 个子系统的综合效益，a_i、b_i、c_i 分别代表各子系统中各个指标的权重，x'_i、y'_i、z'_i 分别代表各个指标标准化后的值，n 表示各个子系统指标个数。

（2）计算 3 个子系统耦合度。

根据已有研究推演出 3 个子系统的耦合度，见式（6.4）。式中，C 表示系统的耦合度，范围是 $0 \leqslant C \leqslant 1$，$C$ 越接近 1，表示各子系统耦合度越大。

$$C = \sqrt[3]{\frac{f(x) \times g(y) \times h(z)}{\left[\frac{f(x)+g(y)+h(z)}{3}\right]^3}} = \frac{3\sqrt[3]{f(x) \times g(y) \times h(z)}}{f(x)+g(y)+h(z)} \tag{6.4}$$

(3) 计算耦合协调度。

通过3个子系统的权重和综合效益，计算出系统整体的综合评价指数T，见式（6.5），然后再借助系统的耦合度C，计算出3个子系统的耦合协调度D，见式（6.6），其中，α、β、θ分别为各子系统的权重。

$$T = \alpha f(x) + \beta g(y) + \theta h(z) \tag{6.5}$$

$$D = \sqrt{C \times T} \tag{6.6}$$

最后，根据表6.1所示的耦合协调度等级分类标准，确定资源环境承载力所处的协调发展类型。

表6.1　耦合协调度等级分类标准

序号	耦合协调度值	耦合协调度等级
1	0～0.09	极度失调
2	0.10～0.19	严重失调
3	0.20～0.29	中度失调
4	0.30～0.39	轻度失调
5	0.40～0.49	濒临失调
6	0.50～0.59	勉强协调
7	0.60～0.69	初级协调
8	0.70～0.79	中级协调
9	0.80～0.89	良好协调
10	0.90～1.00	优质协调

资源环境承载力所处协调发展阶段体现了资源环境与经济社会系统耦合程度。资源环境与经济社会系统耦合是一个循序渐进、由低水平向高水平演化的过程。基于绿色发展理念WSR系统方法论的资源环境承载力“三螺旋耦合”模型演化阶段，本书将资源环境与经济社会之间的耦合发展演化过程分为失调阶段、过渡阶段、协调阶段三个阶段。

第一阶段是失调阶段。由于不合理的资源开发、利用，资源环境与经济社会耦合协调度值低于0.40，意味着该地区资源环境与经济社会处于失调状态，如果不及时采取协调发展措施，整个经济社会发展可能陷入混乱状态。不管是经济社会发展还是资源环境发展，只要一项或两项处于较低水平，系统耦合协调发展水平就较低，处于失调阶段。该状态又分为轻度失调（0.30～0.39）、中度失调（0.20～0.29）、严重失调（0.10～0.19）、极度失调（0～0.09）四个等级。

第二阶段是过渡阶段。在此阶段中，资源环境与经济社会系统耦合协调度值为0.40～0.59，其中0.40～0.49是濒临失调，0.50～0.59是勉强协调。在过渡阶段，同样是粗放式的经济发展过程造成了资源和能源大量消耗，污染物大量排放，生态环境质量不断下降，再加上技术水平不高，以及未有足够的资金投入资源环境保护中，使得经济社会和资源环境之间的协调发展水平不高，极易进入濒临失调或勉强协调状态。面对这些问题，相关部门要注重调整产业结构，加大资金投入，加快科技进步，不断提升资源利用率，在合理开发自然的过程中提升经济社会发展水平。

第三阶段是协调阶段。在此阶段中，资源环境与经济社会耦合协调度值高于0.60，值越大，耦合协调发展水平越高。经济发展过程中注重节约资源，注重对能源消费结构、产业结构进行升级改造，推进技术进步，在环境可承载范围内不断提高经济社会发展水平，资源环境与经济社会耦合协调水平较高。此阶段分为初级协调（0.60～0.69）、中级协调（0.70～0.79）、良好协调（0.80～0.89）和优质协调（0.90～1.00）四个等级，最终实现人与自然的可持续发展与和谐共生。

（二）灰色关联分析法

通过对资源环境承载力的耦合协调度水平进行计算，能够对资源环境承载力的有序发展趋势进行评价，但由于系统内各子系统的地位和作用不一致，还需要准确掌握各子系统在系统内部各子系统的不同作用，进而正确分析系统内部要素间互动关系的工作机制。为此，可以借助灰色关联分析法对资源环境承载力系统内部各子系统的关联性进行分析。根据研究内容，将资源环境承载力系统耦合协调度水平设定为 $X_0=(x_0(1),x_0(2),\cdots,x_0(n))$，各子系统综合水平设定为：

$$X_1=(x_1(1),\ x_1(2),\ \cdots,\ x_1(n))$$

$$\vdots$$

$$X_m = (x_m(1), x_m(2), \cdots, x_m(n))$$

其中，n 为年度，m 为评价序列，将系统耦合协调度水平与各子系统综合水平的灰色关联度记作 $r(X_0, X_i)$，简记为 r_{0i}。具体计算步骤如下：

(1) 计算各序列的初值像：

$$X_i' = X_i / x_i(1) = (x_i'(1), x_i'(2), \cdots, x_i'(n)), i = 0,1,2,\cdots,m \quad (6.7)$$

(2) 求 X_0 与 X_i 的初值像对应分量之差的绝对值序列：

$$\Delta_i(k) = |x_0'(k) - x_i'(k)|, \Delta_i = (\Delta_i(1), \Delta_i(2), \cdots, \Delta_i(n)),$$
$$k = 1,2,\cdots,n, i = 1,2,\cdots,m \quad (6.8)$$

(3) 求 $\Delta_i(k) = |x_0'(k) - x_i'(k)|, k = 1,2,\cdots,n, i = 1,2,\cdots,m$ 的最大值与最小值，记作：

$$Q = \max_i \max_k \Delta_i(k), \ q = \min_i \min_k \Delta_i(k) \quad (6.9)$$

(4) 计算关联系数，设 k 点关联系数为 $r_{0i}(k), \xi \in (0,1), k = 1,2,\cdots, n, i = 1,2,\cdots,m$，则有：

$$r_{0i}(k) = \frac{q + \zeta Q}{\Delta_i(k) + \zeta Q} \quad (6.10)$$

(5) 计算关联度，即关联系数的平均值，记作 r_{0i}：

$$r_{0i} = \frac{1}{n}\sum_{k=1}^{n} r_{0i}(k) \quad (6.11)$$

二、分类别资源环境承载力系统分析

根据耦合协调分析原理，首先，将京津冀地区资源环境承载力 3 个子系统作为独立的系统，代入熵值法的计算公式中，计算各子系统中指标的权重，即耦合协调公式中的 a_i、b_i、c_i。随后将各子系统中指标权重以及各项指标标准化后的值代入公式 (6.1) (6.2) (6.3)，计算各子系统综合效益 $f(x)$、$g(y)$、$h(z)$。其次，将 3 个子系统综合效益代入公式 (6.4)，计算各类资源环境承载力系统耦合度 C，将 3 个子系统的权重 α、β、θ 和综合效益代入公式 (6.5)，计算系统整体的综合评价指数 T。随后，将子系统耦合度 C 和综合评价指数 T 代入公式 (6.6)，计算各类资源环境承载力系统的耦合协调度 D，并根据耦合协调度等级分类标准，确定各自所处的协调发展类型。最后，将京津冀地区看作一个整体，分别以三地各类资源环境承载力综合指数作为子系统，代入熵值法公式、耦合协调度公式，计算出各年份京津冀三地各类资源环境综合指数间的耦合协调度，确定各年份京津冀地区水资源环境、土地资源环境、大气环境三类资源环境整体所处协调发展阶段。

根据灰色关联分析原理，首先，将各类资源环境承载力系统耦合协调度水平设置成标准对象，将各子系统综合指数水平设置成比较对象，并将数据代入（6.7）对各序列进行初始化，再代入公式（6.8）（6.9），计算初值像对应分量之差的绝对值序列以及最大值与最小值，再将绝对值序列、最大值与最小值代入公式（6.10）（6.11）计算各类资源环境承载力子系统水平与系统耦合协调度水平的关联度。最后，将京津冀地区看作一个整体，将京津冀三地各类资源环境承载力整体耦合协调水平设置成标准对象，将三地各类资源环境承载力综合水平设置成比较对象，并将数据代入关联度计算公式中，计算京津冀各地区各类资源环境承载力水平与整体耦合协调水平关联度。

（一）水资源环境承载力系统分析

1. 各子系统综合水平

分析 2011—2021 年京津冀三地各自水资源环境承载力 3 个子系统发展水平后发现，从污染破坏承载子系统发展水平来看，11 年间，京津冀三地对污染物的控制水平整体上呈现上升的趋势（见图 6.1）。

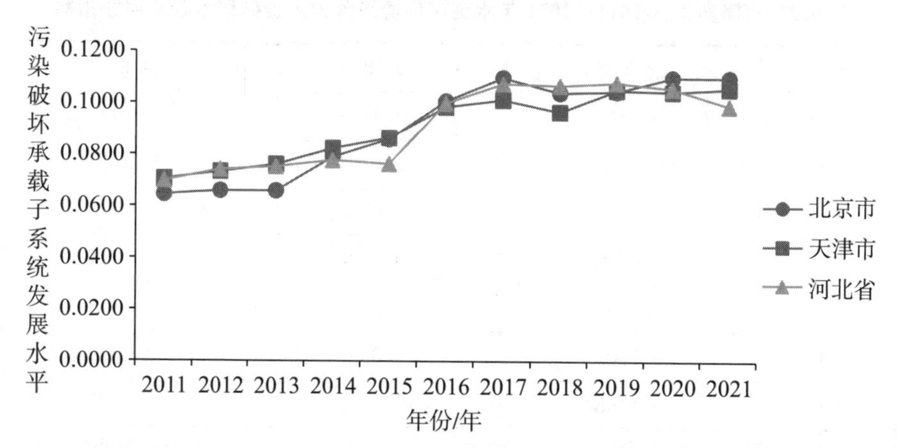

图 6.1　京津冀地区 2011—2021 年水资源环境承载力污染破坏承载子系统发展趋势

北京市从 2011 年的 0.0645 发展到 2021 年的 0.1099；天津市从 2011 年的 0.0705 发展到 2021 年的 0.1057；河北省从 2011 年的 0.0698 发展到 2021 年的 0.0990（见表 6.2）。2011 年后，京津冀地区注重加强生态文明建设，调整产业结构，化解过剩产能，减少污染排放，使得三地水污染的控制水平呈现稳步发展的趋势。其中，北京市通过认真实施《中华人民共和国水污染防治法》，并出台《北京市水污染防治条例》等相关水污染防控的法律法规，加强对水污染的防控，对违规排污等水资源破坏行为给予较大的处罚力度，在很大程度上提高了该市的水资源环境承载力水平。天津市于 2016 年出台《天津市水污染防治条例》，从水污染共同防治、饮用水水源保护、工业水污染防治、城镇水污染防治、农业和农村水污染防治、水污染事故预防与处置、区域水污染防治协作、法律责任等方面提出了水污染防治内容，此后，又对该条例进行多次修订。河北省于 2016 年出台《河北省水污染防治工作方案》从优化发展格局推进产业绿色转型升级，加强源头控制严控水污染物排放总量，严格资源管理实现水资源可持续利用，保护饮用水源确保人民群众饮水安全，保护良好水体促进河湖水质持续改善，保护海洋环境恢复近岸海域生态功能，开展治理攻坚改善污染严重河流水质等方面提出了水资源环境保护的具体方案。

京津冀三地对水资源环境污染破坏的控制水平持续稳定上升，为下一步提升水资源环境承载力水平打下了坚实的基础。

表 6.2　京津冀地区 2011—2021 年水资源环境承载力污染破坏承载子系统指数

年份/年	北京市	天津市	河北省
2011	0.0645	0.0705	0.0698
2012	0.0658	0.0733	0.0740
2013	0.0658	0.0760	0.0753
2014	0.0790	0.0823	0.0777
2015	0.0859	0.0864	0.0763
2016	0.1008	0.0985	0.0999
2017	0.1098	0.1012	0.1075
2018	0.1040	0.0966	0.1068

续表

年份/年	北京市	天津市	河北省
2019	0.1046	0.1050	0.1079
2020	0.1099	0.1045	0.1058
2021	0.1099	0.1057	0.0990

从科技管理子系统发展水平来看，2011—2021 年，京津冀三地对水资源环境的科技管理水平波动较大（见图 6.2）。

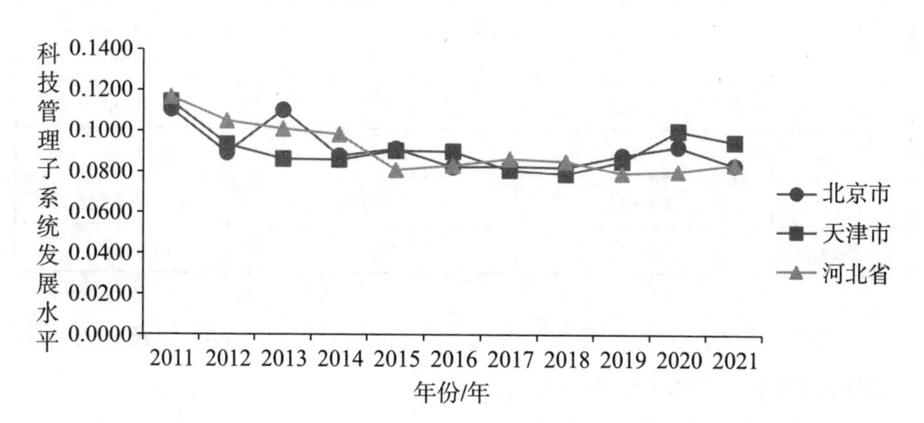

图 6.2　京津冀地区 2011—2021 年水资源环境承载力科技管理子系统发展趋势

北京市从 2011 年的 0.1106 下降到 2021 年的 0.0832；天津市从 2011 年的 0.1144 下降到 2021 年的 0.0947；河北省从 2011 年的 0.1166 下降到 2021 年的 0.0837（见表 6.3）。整体上看，北京市、天津市、河北省均处于下降趋势。但这其中，天津市 2020 年、2021 年位列京津冀地区首位，主要得益于天津市推进了水利工程建设，加强配套管理；通过实施包括《水行政许可听证规定》在内的一系列法律法规，认真执行水费征收使用管理办法，采取全社会节约用水等措施、水资源税改革等市场手段，印发《天津市农村污水处理设施建设运行维护技术导则》《开展规划和建设项目节水评价工作实施意见》《天津市节水行动实施方案》《天津市城镇污水处理提质增效三年行动实施方案（2019—2021 年）》等一系列制度文件。河北省通过重点推进工业污染治理、城镇污水处理和黑臭水体治理、农业农村污染治理，大幅减少污染物排放，改善水环境质量。

表 6.3　京津冀地区 2011—2021 年水资源环境承载力科技管理子系统指数

年份/年	北京市	天津市	河北省
2011	0.1106	0.1144	0.1166
2012	0.0893	0.0934	0.1050
2013	0.1101	0.0862	0.1010
2014	0.0878	0.0860	0.0984
2015	0.0913	0.0904	0.0810
2016	0.0824	0.0899	0.0833
2017	0.0827	0.0808	0.0865
2018	0.0822	0.0789	0.0852
2019	0.0880	0.0851	0.0793
2020	0.0924	0.1002	0.0802
2021	0.0832	0.0947	0.0837

从使用消费子系统发展水平来看，2011—2021 年，京津冀三地的水资源使用消费水平整体上呈现上升趋势（见图 6.3）。

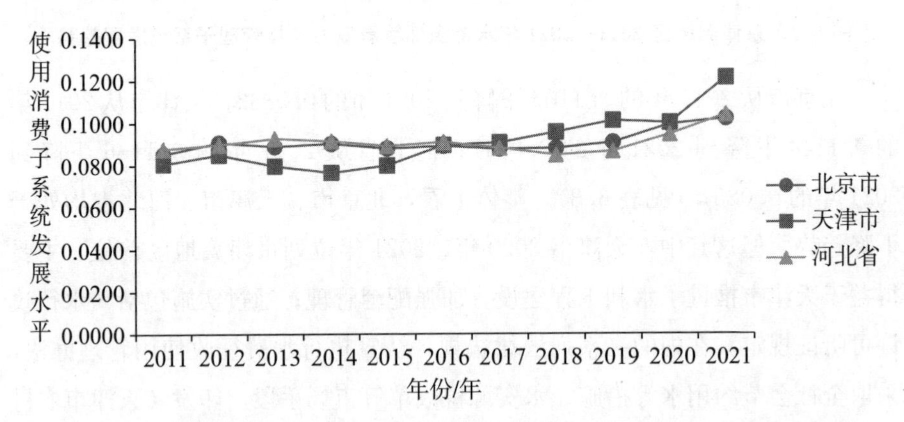

图 6.3　京津冀地区 2011—2021 年水资源环境承载力使用消费子系统发展趋势

北京市从 2011 年的 0.0853 发展到 2021 年的 0.1020；天津市从 2011 年的 0.0806 发展到 2021 年的 0.1213；河北省从 2011 年的 0.0878 发展到 2021 年的 0.1038（见表 6.4）。近年来，京津冀地区通过积极实施《节约用水条例》，借助各种媒体加大对水资源保护的宣传，营造良好的环境保护氛围，再加上一系列改革举措的实施、产业结构的调整，在很大程度上影响了京津冀地区人民群众对水资源消费的态度和行为，使三地的水资源使用消费水平始终呈现稳步上升的发展趋势。

表 6.4　京津冀地区 2011—2021 年水资源环境承载力使用消费子系统指数

年份/年	北京市	天津市	河北省
2011	0.0853	0.0806	0.0878
2012	0.0908	0.0851	0.0899
2013	0.0889	0.0797	0.0928
2014	0.0903	0.0765	0.0915
2015	0.0880	0.0800	0.0892
2016	0.0891	0.0896	0.0909
2017	0.0877	0.0906	0.0882
2018	0.0880	0.0956	0.0848
2019	0.0907	0.1011	0.0866
2020	0.0993	0.1000	0.0945
2021	0.1020	0.1213	0.1038

2. 耦合协调度分析

通过对 2011—2021 年京津冀地区整体，以及三地各自水资源环境承载力系统耦合协调度水平分析发现，11 年间，京津冀地区整体，以及三地各自的水资源环境承载力系统耦合协调度水平整体上呈现上升趋势（见图 6.4）。

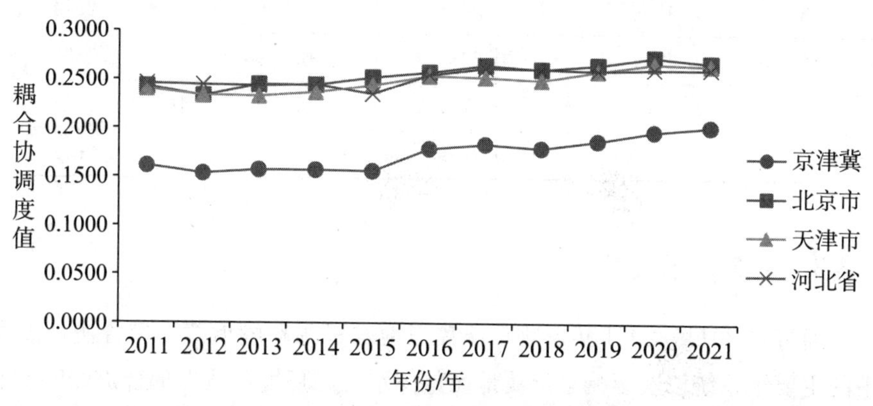

图 6.4　京津冀地区 2011—2021 年水资源环境承载力系统耦合协调度水平发展趋势

京津冀地区整体水资源环境承载力系统耦合协调度值从2011年的0.1612发展到2021年的0.2020，由“严重失调”转变为“中度失调”。其中，北京市耦合协调度值从2011年的0.2578发展到2021年的0.2753，天津市耦合协调度值从2011年的0.2405发展到2021年的0.2652，河北省耦合协调度值从2011年的0.2458发展到2021年的0.2612（见表6.5）。11年间，京津冀地区整体水资源环境承载力系统耦合协调度等级由“严重失调”转变为“中度失调”，北京市、天津市、河北省三地在“中度失调”范围内持续向好发展。由此可见，京津冀整体和三地区各自系统协调有序发展的能力持续提升，系统协调有序发展内在动力较为强劲。京津冀地区水资源环境承载力耦合协调度水平整体上呈现上升趋势，但仍处在“中度失调”阶段，区域水资源环境承载力的整体状况仍不容乐观。

表6.5 京津冀地区2011—2021年水资源环境承载力系统耦合协调度值

年份/年	京津冀	北京市	天津市	河北省
2011	0.1612	0.2578	0.2405	0.2458
2012	0.1534	0.2449	0.2336	0.2445
2013	0.1572	0.2660	0.2326	0.2436
2014	0.1570	0.2550	0.2366	0.2448
2015	0.1560	0.2551	0.2440	0.2350
2016	0.1789	0.2575	0.2539	0.2549
2017	0.1836	0.2599	0.2524	0.2619
2018	0.1796	0.2631	0.2495	0.2614
2019	0.1871	0.2688	0.2590	0.2595
2020	0.1969	0.2744	0.2671	0.2611
2021	0.2020	0.2753	0.2652	0.2612

3. 灰色关联分析

通过对2011—2021年影响京津冀三地水资源环境承载力耦合协调度水平的主要子系统以及影响京津冀地区整体水资源环境承载力耦合协调度水平的核心地区进行分析发现，对北京市、天津市、河北省水资源环境承载力系统耦合协调度水平影响最重要的子系统是使用消费子系统，关联度分别为0.7903、0.7244、0.8663。由此可见，水资源的消费水平和态度是影响京津冀地区，水资源环境承载力系统稳定有序发展的最重要的因素。提高京津冀地区水资源环境承载力系统的整体水平，最主要的内容是要更加科学合理地优化对水资源环境的消费态度，增强人民群众节约用水的良好观念。另外，污染破坏承载子系统与京津冀三地的水资源环境承载力系统耦合协调度的关联度分别是0.5565、0.5057、0.5458，京津冀地区要继续加大水污染控制和水资源管理的力度，以提升承载力水平。同时，科技管理子系统与京津冀三地的水资源环境承载力系统耦合协调度的关联度分别是0.5132、0.4975、0.5430。面对当前水资源紧缺的刚性约束，面对水环境质量下降的不利因素，京津冀地区需要借助科技管理手段不断提高水资源可用量，提升水环境质量，进而提升水资源环境系统的整体协调程度，提升水资源环境系统的承载力水平（见表6.6）。

表6.6　京津冀三地水资源环境承载力系统耦合协调度与各子系统发展水平间的灰色关联度

关联度分类	北京市	天津市	河北省
污染破坏承载子系统指数与系统耦合协调度关联度	0.5565	0.5057	0.5458
科技管理子系统指数与系统耦合协调度关联度	0.5132	0.4975	0.5430
使用消费子系统指数与系统耦合协调度关联度	0.7903	0.7244	0.8663

在此基础上，将京津冀三地水资源环境看作一个整体，通过对2011—2021年京津冀三地水资源环境承载力综合水平与整体水资源环境承载力系统耦合协调度的灰色关联度分析发现，天津市是提高京津冀地区整体水资源环境承载力水平的核心区域，其对京津冀整体水资源环境承载力耦合协调水平的影响程度最深，关联度为0.7727（见表6.7）。

表 6.7 京津冀三地水资源环境承载力综合水平与整体水资源环境承载力系统耦合协调度的关联度

关联度分类	指数
北京市水资源环境承载力综合指数与京津冀地区整体水资源环境承载力系统耦合协调度	0.7299
天津市水资源环境承载力综合指数与京津冀地区整体水资源环境承载力系统耦合协调度	0.7727
河北省水资源环境承载力综合指数与京津冀地区整体水资源环境承载力系统耦合协调度	0.6104

结合第五章对京津冀地区资源环境承载力评价体系影响因素的权重分析，京津冀三地水资源环境承载力系统耦合协调度与各子系统间关联度分析，以及京津冀三地水资源环境承载力综合水平与整体水资源环境承载力系统耦合协调度的关联度分析发现，天津市的水资源环境承载力水平对于京津冀地区水资源环境承载力系统的有序发展水平的影响最大，天津市是影响京津冀地区水资源环境承载力水平的核心区域。由于使用消费子系统对天津市水资源环境承载力水平的影响最大，是主要影响子系统，进而可以将其看作影响京津冀地区水资源环境承载力水平的主要影响子系统。另外，人均用水量是天津市水资源环境承载力使用消费子系统中权重最大的指标，因此，人均用水量也成了影响天津市以及京津冀地区水资源环境承载力系统的核心要素。

（二）土地资源环境承载力系统分析

1. 各子系统综合水平

分析 2011—2021 年京津冀三地土地资源环境承载力 3 个子系统发展水平发现，从污染破坏承载子系统发展水平来看，11 年间，京津冀三地土地的破坏与污染状况呈现一定的波动，北京市和河北省土地污染破坏承载水平均整体上呈现上升趋势，天津市相对平缓（见图 6.5）。

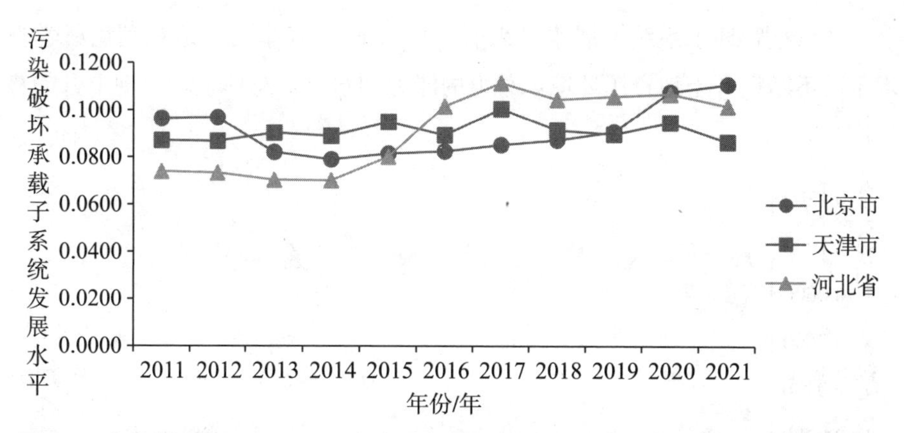

图 6.5　京津冀地区 2011—2021 年土地资源环境承载力污染破坏承载子系统发展趋势

北京市从 2011 年的 0.0964 上升到 2021 年的 0.1109，天津市从 2011 年的 0.0870 下降到 2021 年的 0.0864，河北省从 2011 年的 0.0739 上升到 2021 年的 0.1017（见表 6.8）。通过对京津冀地区土地污染破坏承载子系统主要因素的权重分析发现，由于人们生产生活需求增多，对农副产品的需求（北京市、天津市）以及对城市垃圾的排放（河北省）相应增加，而农副产品需求的增加进一步加重了对耕地化肥的实施，加之通过掩埋的方式处理城市垃圾，直接对土壤造成了破坏。

表 6.8　京津冀地区 2011—2021 年土地资源环境承载力污染破坏承载子系统指数

年份/年	北京市	天津市	河北省
2011	0.0964	0.0870	0.0739
2012	0.0968	0.0868	0.0734
2013	0.0821	0.0903	0.0704
2014	0.0790	0.0890	0.0702
2015	0.0815	0.0949	0.0802
2016	0.0825	0.0893	0.1017
2017	0.0852	0.1005	0.1115
2018	0.0872	0.0914	0.1045
2019	0.0907	0.0897	0.1058
2020	0.1077	0.0947	0.1069
2021	0.1109	0.0864	0.1017

从科技管理子系统发展水平来看，11 年间，京津冀三地在利用科学技术手段不断提升土地资源环境承载力的能力和水平，总体上均呈现上升趋势（见图 6.6）。

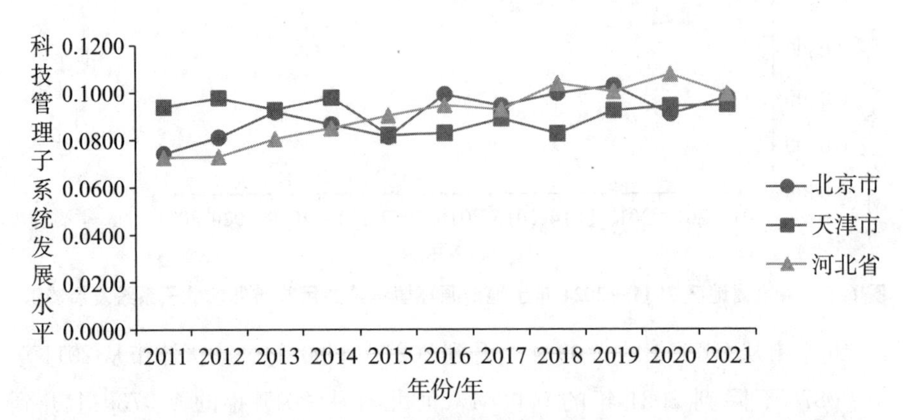

图 6.6　京津冀地区 2011—2021 年土地资源环境承载力科技管理子系统发展趋势

北京市从 2011 年的 0.0742 发展到 2021 年的 0.0981；天津市从 2011 年的 0.0939 发展到 2021 年的 0.0948；河北省从 2011 年的 0.0727 发展到 2021 年的 0.0994（见表 6.9）。近年来，京津冀地区十分注重通过科学技术手段不断提高土地资源环境承载力水平。北京市在土壤污染防治方面，针对化工、钢铁等大型企业停产搬迁后污染场地的治理与修复，开展了精准修复与风险管控关键技术研究，支持有效管控风险、采用成本可控的技术路线进行修复，通过把好建设用地“出口关”，实施环环相扣的全流程管理，实行建设用地风险管控和修复名录制度，近年来消除受污染用地约 490 万平方米，为首都发展提供了安全可靠的建设用地。天津市于 2019 年出台《天津市土壤污染防治条例》《天津市建设用地土壤污染风险管控和修复名录》等相关制度文件。河北省也注重在科学技术管理层面不断提高水平，通过采取源头防控、风险管控、修复治理、试点示范、执法监管等手段，不断深化土壤污染防治和农村生态环境保护，筑牢土壤安全防护墙，以更好地提高土地资源环境承载力水平。据了解，河北省在全国率先完成耕地土壤环境质量类别划分，安全利用类耕地和严格管控类耕地落实风险管控措施比率均为 100%，将 1303 家企业纳入土壤污染重点监管单位名录，出台了《河北省土壤污染防治条例》，编制印发《河北省土壤与地下水污染防治“十四五”规划》《河北省农业农村生态环境保护“十四五”规划》《河北省农业农村污染治理攻坚战实施方案》《河北省土壤污染防治评估考核办法》，着力构建符合河北实际的土壤污染防治指标体系。对于河北省来说，科技人才、科研项目、资金支持、平台建设都在很大程度上提高了河北省土地资源环境科技管理子系统的综合水平。

表 6.9　京津冀地区 2011—2021 年土地资源环境承载力科技管理子系统指数

年份/年	北京市	天津市	河北省
2011	0.0742	0.0939	0.0727
2012	0.0810	0.0977	0.0729
2013	0.0918	0.0927	0.0805
2014	0.0865	0.0978	0.0849
2015	0.0814	0.0820	0.0902
2016	0.0992	0.0828	0.0946
2017	0.0945	0.0889	0.0928
2018	0.0997	0.0826	0.1039
2019	0.1028	0.0924	0.1004
2020	0.0909	0.0944	0.1077
2021	0.0981	0.0948	0.0994

从使用消费子系统发展水平来看，2011—2021 年，京津冀三地对土地资源的使用消费水平整体上呈现上升趋势（见图 6.7）。

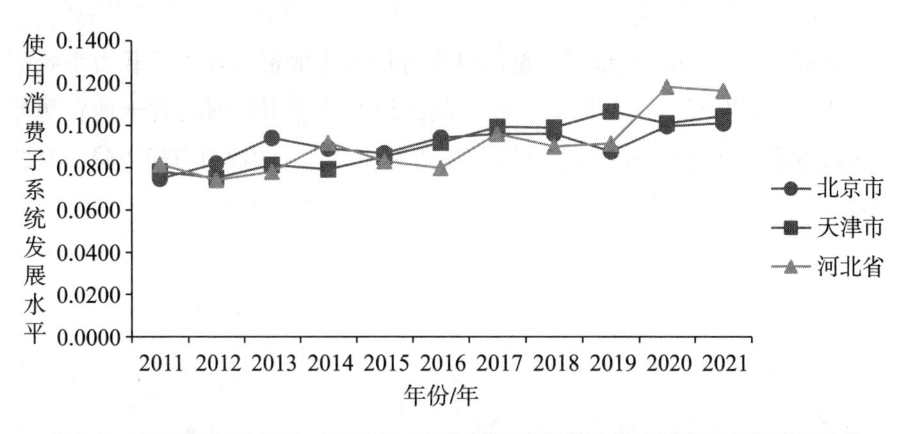

图 6.7　京津冀地区 2011—2021 年土地资源环境承载力使用消费子系统发展趋势

北京市从2011年的0.0747上升到2021年的0.1009；天津市从2011年的0.0781上升到2021年的0.1043；河北省从2011年的0.0815上升到2021年的0.1164（见表6.10）。从土地资源的使用消费情况来看，京津冀三地都存在一定程度的波动。由于人口的增加和城市规模的扩大，土地资源的使用消费增加，三地人均用地面积均呈现出下降趋势。

表6.10　京津冀地区2011—2021年土地资源环境承载力使用消费子系统指数

年份/年	北京市	天津市	河北省
2011	0.0747	0.0781	0.0815
2012	0.0819	0.0750	0.0741
2013	0.0939	0.0812	0.0780
2014	0.0889	0.0791	0.0917
2015	0.0867	0.0852	0.0830
2016	0.0941	0.0918	0.0798
2017	0.0958	0.0992	0.0959
2018	0.0959	0.0988	0.0900
2019	0.0876	0.1064	0.0914
2020	0.0995	0.1008	0.1183
2021	0.1009	0.1043	0.1164

2. 耦合协调度分析

分析2011—2021年京津冀整体以及各地区土地资源环境承载力系统耦合协调度水平发现，11年间，京津冀整体以及北京市和河北省土地资源环境承载力系统耦合协调度水平整体上呈现上升趋势，天津市有所下降（见图6.8）。

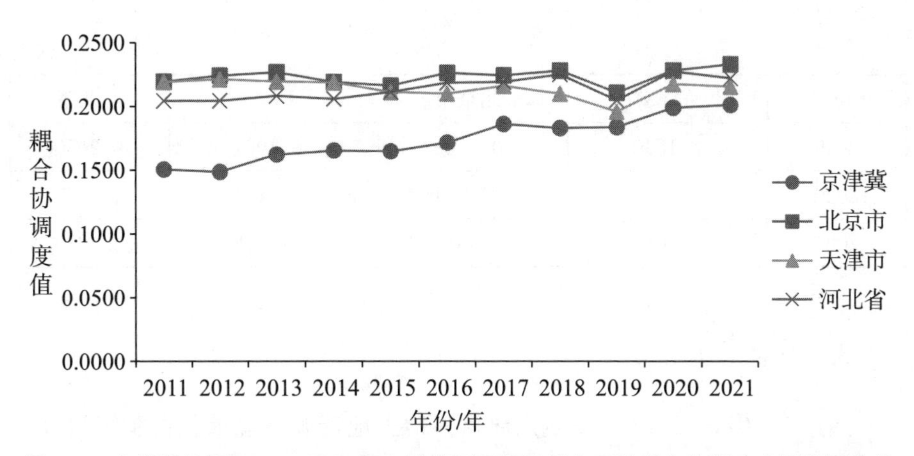

图 6.8　京津冀地区 2011—2021 年土地资源环境承载力系统耦合协调度水平发展趋势

京津冀地区整体土地资源环境承载力系统耦合协调度值从 2011 年的 0.1505 发展到 2021 年的 0.2014，由"严重失调"发展到"中度失调"水平。北京市从 2011 年的 0.2196 发展到 2021 年的 0.2332；天津市从 2011 年的 0.2194 下降到 2021 年的 0.2158；河北省从 2011 年的 0.2045 发展到 2021 年的 0.2223（见表 6.11）。整体上京津冀地区已经由"严重失调"发展到"中度失调"水平，土地资源环境承载力系统耦合协调度水平呈现良好的发展态势，以京津冀三地来看，三地土地资源环境承载力系统整体上均处于"中度失调"水平，北京市和河北省呈现上升态势，天津市有一定程度的下降。

表 6.11　京津冀地区 2011—2021 年土地资源环境承载力系统耦合协调度水平综合指数

年份/年	京津冀	北京市	天津市	河北省
2011	0.1505	0.2196	0.2194	0.2045
2012	0.1486	0.2243	0.2214	0.2045
2013	0.1623	0.2269	0.2197	0.2084
2014	0.1654	0.2191	0.2190	0.2060
2015	0.1649	0.2164	0.2113	0.2115
2016	0.1717	0.2264	0.2103	0.2187
2017	0.1864	0.2245	0.2163	0.2194
2018	0.1832	0.2282	0.2101	0.2252

续表

年份/年	京津冀	北京市	天津市	河北省
2019	0.1840	0.2109	0.1961	0.2050
2020	0.1992	0.2284	0.2177	0.2277
2021	0.2014	0.2332	0.2158	0.2223

3. 灰色关联分析

通过对 2011—2021 年影响京津冀三地土地资源环境承载力系统耦合协调度的主要子系统，以及影响京津冀整体土地资源环境承载力系统耦合协调度水平的核心地区进行分析发现，影响各地区土地资源环境承载力系统耦合协调度水平的子系统各不相同。对于北京市来说，影响土地资源承载力系统耦合协调度的主要子系统为污染破坏承载子系统（关联度 0.7024），其次为科技管理子系统（关联度 0.5524）、使用消费子系统（关联度 0.5487）（见表 6.12）。对于北京市来说，一方面，要在合理规划利用土地资源的同时，注重对现有紧缺土地资源的保护，特别是减少采矿区、地下水的超采以及各类水土流失，进一步提高土地资源的利用水平；另一方面，应当借助自身在科技方面的优势，运用各类科技手段和管理手段，不断发挥科技管理子系统对提升土地资源环境承载力系统的作用；同时，按照首都政治、经济、社会、文化发展的要求，从构建北京城乡和谐社会，推动北京宜居城市建设，推进自然、人文资源的共同保护等方面，加快实施土地利用的城乡统筹、绿色空间区域共筑、文化名城城乡共建等发展策略，以实现对北京市土地资源科学合理的节约集约使用以及土地利用方式和功能结构的调整。对于天津市来说，影响土地资源承载力系统耦合协调度的主要子系统为科技管理子系统（关联度 0.8478），其次为污染破坏承载子系统（关联度 0.7950）、使用消费子系统（关联度 0.6230）（见表 6.12）。对于天津市来说，首要的一点就是要加大科技管理技术的研发和投入，针对天津市土壤重金属污染元素多、面积广、程度深，且随着天津市工业发展和水资源的紧缺污染进一步加剧的状况，以及化学农药污染对社会、生态、环境产生重要影响的现状，通过采用物理及化学方法、生物修复技术、农艺修复技术、农药污染的微生物治理技术等加强对土壤污染的防治，同时面对土地需求压力以及生态环境保护压力的不断加大，也要更加注重对现有土地资源的保护，最大限度地减少土地资源的污染和破坏，最大限度地满足经济社会发展和广大人民群众的生产生活需要。对于河北省来说，影响土地资源承载力系统耦合协调度的主要子系统为使用消费子系统（关联度0.7148），其次为污染破坏承载子系统（关联度0.6047）、科技管理子系统（关联度0.5774）（见表6.12）。对于河北省来说，要通过更加科学有效的规划、布局，充分挖掘土地资源的现有潜力，加大对土地资源的合理利用和使用，以实现土地资源使用消费的科学有效，最大限度地减少由于对土地资源不合理开发和破坏对河北省土地资源环境承载力水平产生的影响，并且要在减少对土地资源破坏的基础上，通过各类科技手段以及科学的管理方式，加大对土地资源科技管理和规划，深入挖掘土地资源潜力，不断提升科技管理对土地资源环境承载力系统整体协调度的贡献。

京津冀地区要加强对土地的综合利用，不断优化布局，以保障各类产业对土地资源使用的需要；同时，加大对土地资源环境的改善及保护力度，不断提高土地资源环境承载力水平。

表6.12　京津冀三地土地资源环境承载力系统耦合协调度与各子系统发展水平间的灰色关联度

关联度分类	北京市	天津市	河北省
污染破坏承载子系统指数与系统耦合协调度关联度	0.7024	0.7950	0.6047
科技管理子系统指数与系统耦合协调度关联度	0.5524	0.8478	0.5774
使用消费子系统指数与系统耦合协调度关联度	0.5487	0.6230	0.7148

在此基础上，将京津冀地区土地资源看作一个整体，对2011—2021年京津冀三地土地资源环境承载力综合水平与整体土地资源环境承载力系统耦合协调度的灰色关联度进行分析，北京市是提高京津冀地区整体土地资源环境承载力水平的核心区域，其对京津冀地区整体土地资源环境承载力耦合协调度的影响最大，关联度为0.7294（见表6.13）。

表 6.13　京津冀三地土地资源环境承载力综合水平与京津冀地区整体土地资源环境承载力系统耦合协调度的关联度

关联度分类	指数
北京市土地资源环境承载力综合指数与京津冀地区整体土地资源环境承载力系统耦合协调度	0.7294
天津市土地资源环境承载力综合指数与京津冀地区整体土地资源环境承载力系统耦合协调度	0.5602
河北省土地资源环境承载力综合指数与京津冀地区整体土地资源环境承载力系统耦合协调度	0.7114

结合第五章对京津冀地区资源环境承载力评价体系影响因素的权重分析，京津冀各地区土地资源环境承载力系统耦合协调度与各子系统间关联度分析，以及京津冀各地区土地资源环境承载力综合水平与整体土地资源环境承载力耦合协调度的关联度分析发现，北京市的土地资源环境承载力水平对于京津冀地区土地资源环境承载力系统的有序发展水平的影响最大，北京市是影响京津冀地区土地资源环境承载力水平的核心区域；污染破坏承载子系统对北京市土地资源环境承载力水平的影响最大，进而可以将其看作京津冀地区土地资源环境承载力水平的主要影响子系统。另外，每千公顷耕地面积施用化肥量是北京市土地资源环境承载力使用消费子系统中权重最大的要素，因此，每千公顷耕地面积施用化肥量也成为影响北京市以及京津冀地区土地资源环境承载力系统的核心要素。

（三）大气环境承载力系统分析

1. 各子系统综合水平

分析 2011—2021 年京津冀地区各自大气环境承载力 3 个子系统发展水平发现，从污染破坏承载子系统发展水平来看，京津冀三地的大气污染物控制水平整体上呈现上升趋势（见图 6.9）。

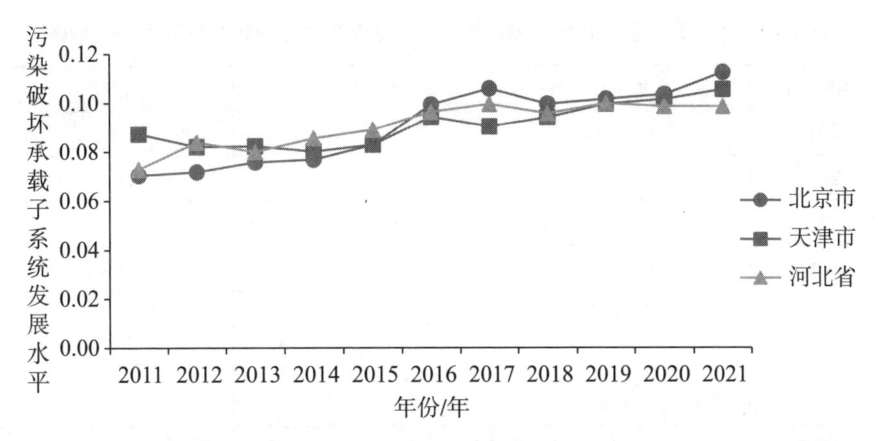

图 6.9　京津冀地区 2011—2021 年大气环境承载力污染破坏承载子系统发展趋势

北京市从 2011 年的 0.0704 发展到 2021 年的 0.1124；天津市从 2011 年的 0.0873 发展到 2021 年的 0.1055；河北省从 2011 年的 0.0729 发展到 2021 年的 0.0985（见表 6.14）。近年来，北京在社会经济繁荣发展的同时，也饱受“城市病”的困扰。其中，大气污染是北京市最大的生态环境问题。面对大气污染的严峻形势，北京市通过实施以“防治 PM2.5 污染”为重点的《2013—2017 年清洁空气行动计划》，对能源结构优化、产业绿色转型和城市管理提出了精细化要求，重点实施压减燃煤、控车减油、治污减排、清洁降尘等八大污染减排工程，最大限度地消除雾霾天气，深化“一微克”行动，持续推动空气质量改善，提高大气环境质量。天津市通过深入推进控煤、控车、控尘、控污、控制“五控”工作，注重减少污染排放，加大清洁能源的使用，在很大程度上实现了对大气污染物的控制。河北省通过持续优化调整产业结构和布局，严格控制高耗能、高污染项目，严禁新增钢铁、焦化、水泥、平板玻璃、电解铝、铸造（重点地区）等产能，巩固钢铁、焦化、火电、水泥等重点行业超低排放改造成效，实施工艺全流程深度治理，推进全过程无组织排放管控等一系列举措，加大对高污染、高耗能企业的关停并转，加大对污染企业的处罚力度，在很大程度上提高了大气环境质量。

表 6.14　京津冀地区 2011—2021 年大气环境承载力污染破坏承载子系统指数

年份/年	北京市	天津市	河北省
2011	0.0704	0.0873	0.0729
2012	0.0718	0.0820	0.0839
2013	0.0758	0.0823	0.0800
2014	0.0768	0.0802	0.0855
2015	0.0829	0.0829	0.0891
2016	0.0994	0.0943	0.0964
2017	0.1058	0.0903	0.0995
2018	0.0996	0.0941	0.0957
2019	0.1016	0.0996	0.0998
2020	0.1035	0.1015	0.0986
2021	0.1124	0.1055	0.0985

从科技管理子系统发展水平来看，2011—2021 年京津冀三地在对大气环境治理的科技管理水平略有起伏，但总体上呈现上升趋势（见图 6.10）。

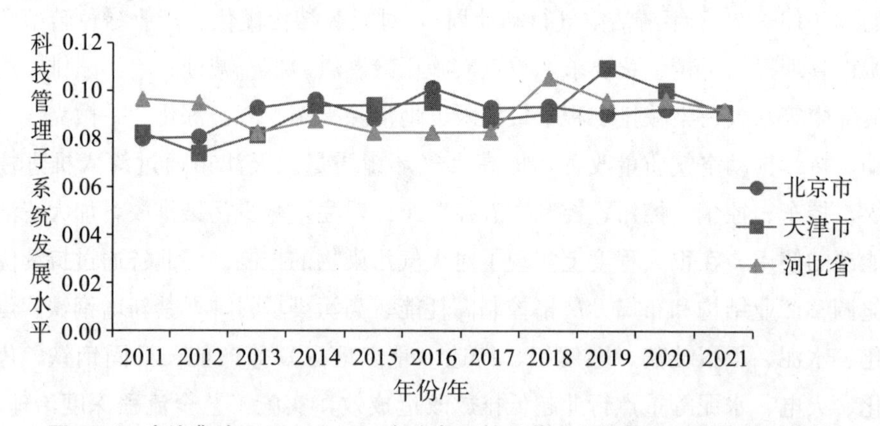

图 6.10　京津冀地区 2011—2021 年大气环境承载力科技管理子系统发展趋势

北京市从 2011 年的 0.0802 发展到 2021 年的 0.0915；天津市从 2011 年的 0.0824 发展到 2021 年的 0.0911；河北省从 2011 年的 0.0965 发展到 2021 年的 0.0921（见表 6.15）。面对大气污染的严峻形势，京津冀地区都注重采用科技管理手段加大对大气环境问题的治理力度。北京市借助科技手段，通过热点网格加入臭氧超标报警、监测扬尘“天地”一体、边走边测捕挥发性有机物（VOCs）短暂高值等举措使得大气治理工作从“漫天撒网”变为“有的放矢”，针对性、目标性大幅提升，细致到网格，精确到点位。同时，自2012年以来，北京市落实“排放标准引导行业技术进步，技术升级支撑标准实施”的管理思路，聚焦燃气锅炉 NO_x 治理和监管技术的需求，通过引进吸收再创新，牵头研发了国产化的燃气锅炉低氮燃烧技术，将新建燃气锅炉 NO_x 排放标准加严到30mg/m^{3}提供了技术支撑。天津市先后制定实施《天津市清新空气行动方案》和“大气污染防治12条”，提出治理雾霾需要科技支撑、企业转型升级发展，在中心城区和滨海新区核心区淘汰燃煤锅炉房，统一改燃并网，在滨海新区成立环保节能技术超市，通过创新服务模式推动环保技术和产品市场化推广。河北省开展VOCs治理专项攻坚行动，大力推进原辅材料源头替代以及工业源无组织排放和工业企业的深度治理，持续抓好柴油货车污染治理，深入实施城市大气污染深度治理。

表6.15　京津冀地区2011—2021年大气环境承载力科技管理子系统指数

年份/年	北京市	天津市	河北省
2011	0.0802	0.0824	0.0965
2012	0.0807	0.0739	0.0951
2013	0.0928	0.0815	0.0826
2014	0.0962	0.0938	0.0877
2015	0.0884	0.0940	0.0826
2016	0.1011	0.0952	0.0826
2017	0.0929	0.0879	0.0829
2018	0.0934	0.0903	0.1054
2019	0.0904	0.1097	0.0959
2020	0.0924	0.1002	0.0965
2021	0.0915	0.0911	0.0921

从使用消费子系统发展水平来看，2011—2021年，京津冀三地使用消费子系统指数整体上均呈现稳步上升趋势（见图6.11）。

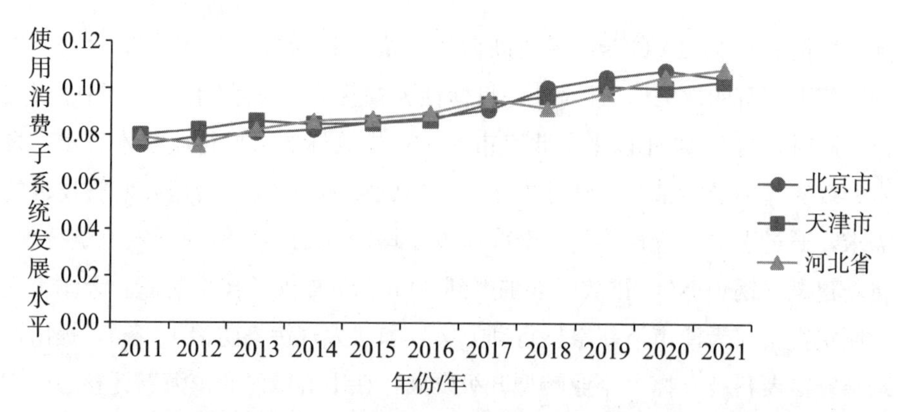

图 6.11　京津冀地区 2011—2021 年大气环境承载力使用消费子系统发展趋势

北京市从 2011 年的 0.0758 发展到 2021 年的 0.1047；天津市从 2011 年的 0.0801 发展到 2021 年的 0.1032；河北省从 2011 年的 0.0792 发展到 2021 年的 0.1084（见表 6.16）。可见，由于共同面对京津冀地区的大气污染环境问题，在大气环境的使用消费上，京津冀地区保持了相对一致的态度，注重科学优化各类能源的使用和消费，注重减少对污染物的排放，以不断提高大气环境承载力水平。未来，京津冀地区要坚持以空气质量明显改善为刚性要求，持之以恒地做好大气污染防治工作，加快产业结构优化升级，坚决遏制高耗能、高排放、低水平项目盲目发展；促进能源结构低碳转型，加强煤炭清洁高效利用，大力发展新能源和清洁能源。

表 6.16　京津冀地区 2011—2021 年大气环境承载力使用消费子系统指数

年份/年	北京市	天津市	河北省
2011	0.0758	0.0801	0.0792
2012	0.0792	0.0824	0.0758
2013	0.0810	0.0860	0.0825
2014	0.0824	0.0848	0.0862
2015	0.0855	0.0852	0.0873
2016	0.0875	0.0866	0.0896
2017	0.0910	0.0935	0.0954
2018	0.1003	0.0969	0.0918
2019	0.1048	0.1010	0.0984

续表

年份/年	北京市	天津市	河北省
2020	0.1078	0.1004	0.1053
2021	0.1047	0.1032	0.1084

2. 耦合协调度水平评价

通过对 2011—2021 年京津冀地区整体以及三地各自大气环境承载力系统耦合协调度水平分析发现，11 年间，京津冀地区整体以及三地各自大气环境承载力系统耦合协调度水平整体上均呈现上升趋势（见图 6.12）。

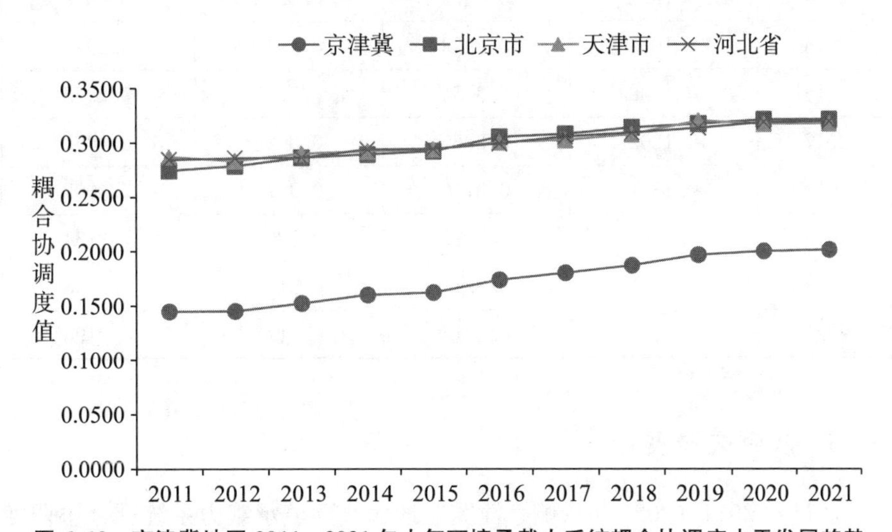

图 6.12　京津冀地区 2011—2021 年大气环境承载力系统耦合协调度水平发展趋势

京津冀地区整体大气环境承载力系统耦合协调度值从 2011 年的 0.1448 发展到 2021 年的 0.2014，由“严重失调”发展到“中度失调”水平；北京市耦合协调度值从 2011 年的 0.2744 发展到 2021 年的 0.3214，由“中度失调”发展到“轻度失调”水平；天津市耦合协调度值从 2011 年的 0.2869 发展到 2021 年的 0.3176，由“中度失调”发展到“轻度失调”水平；河北省耦合协调度值从 2011 年的 0.2844，发展到 2021 年的 0.3196，由“中度失调”发展到“轻度失调”水平（见表 6.17）。具体来看，这一结果得益于京津冀三地对大气环境的综合治理。北京市和天津市大气环境承载力系统耦合协调度水平于 2016 年进入“轻度失调”水平，河北省于 2017 年进入“轻度失调”水平，进一步展示了三地在大气环境综合治理方面所做的工作卓有成效，三地大气环境承载力系统内各子系统之间相互协调使得各自系统呈现了有序发展态势。

表 6.17　京津冀地区 2011—2021 年大气环境承载力系统耦合协调度水平综合指数

年份/年	京津冀	北京市	天津市	河北省
2011	0.1448	0.2744	0.2869	0.2844
2012	0.1452	0.2786	0.2834	0.2858
2013	0.1523	0.2864	0.2900	0.2862
2014	0.1601	0.2893	0.2923	0.2939
2015	0.1623	0.2923	0.2940	0.2944
2016	0.1738	0.3053	0.3005	0.2993
2017	0.1802	0.3080	0.3024	0.3056
2018	0.1871	0.3140	0.3077	0.3092
2019	0.1967	0.3173	0.3201	0.3134
2020	0.2001	0.3211	0.3172	0.3188
2021	0.2014	0.3214	0.3176	0.3196

3. 灰色关联度评价

通过对 2011—2021 年影响京津冀三地大气环境承载力系统耦合协调度水平的主要子系统，以及影响京津冀地区整体大气环境承载力系统耦合协调度水平的核心地区进行分析发现，影响三地大气环境承载力系统耦合协调度水平的子系统各不相同。对于北京市来说，影响大气环境承载力系统耦合协调度的主要子系统为科技管理子系统（关联度 0.8266），其次是使用消费子系统（关联度 0.7228）、污染破坏承载子系统（关联度 0.6133）（见表 6.18）。北京市充分依托自身在科技方面的优势，加大对大气环境治理的科技研发，将其作为进一步改善大气环境质量、不断提升大气环境承载力水平的重要手段。与此同时，近年来，北京市居住拥挤、交通拥堵、环境污染等问题日益突显，一些基本公共服务供给出现不足，为了解决北京市的“城市病”，加快推动京津冀协同发展，党和国家于2015年提出“疏解北京非首都功能”，使北京市蓝天常现、绿水长流，能源消耗和资源依赖程度逐步降低，进而推动首都城市功能的结构优化，加快北京市经济社会发展，缓解环境压力。大气污染治理最有效的方式之一就是减少对大气污染物的排放，对于北京市来说，要在注重对大气环境保护、科学有效治理的同时，尽最大努力地减少各类废气的排放。对于天津市来说，影响大气环境承载力系统耦合协调度的主要子系统为污染破坏承载子系统（关联度0.7241），其次是科技管理子系统（关联度0.6686）、使用消费子系统（关联度0.6122）。天津市虽然在大气环保方面做了大量工作，但是环境保护的压力传导不足、责任落实不够等问题依然存在，需要借助自身在科技方面的优势，加大对大气环境的科学治理，进而不断提高自身大气环境承载力系统的整体协调水平。另外，面临着经济社会发展、城市化建设、人口规模持续增加等任务及现状，天津市要注重对各类清洁能源的消费使用，注重城市建设绿化美化，加强生态环境的自清自洁。对于河北省来说，影响大气环境承载力系统耦合协调度的主要子系统为使用消费子系统（关联度0.6462），其次为科技管理子系统（关联度0.6133）、污染破坏承载子系统（关联度0.4783）。随着经济社会发展和人民生产生活现实需要的不断增加，河北省要在现有工作基础上大力实施清洁能源替代工程，发展光伏、风电、氢能等新能源，不断提高非化石能源在能源消费结构中的比重，推动绿色铁路、绿色公路、绿色港口建设，加快完善充（换）电、加氢站、港口岸电等基础设施建设，推广低碳交通工具，淘汰老旧燃油运输车辆，加快新能源和清洁能源汽车在城市公交、出租汽车、物流、环卫清扫、港口等领域的推广应用，推广氢燃料电池重卡等交通运输设施，加快风能、太阳能、生物质能、空气源热能等可再生能源在农业生产和农村生活中的应用，逐步提升清洁能源消费比重。同时，河北省还要充分借助京津两地科技力量，加强对大气环境治理的科技投入，不断提升大气环境治理成效；统筹推进区域能源资源配置和生态环境分区管控，根据各地资源禀赋、产业布局、发展阶段等特点，因地制宜、分类施策推进节能减排，推进化工、石化企业治理改造，优先发展战略性新兴产业和先进制造业，坚决遏制高耗能、高排放、低水平项目盲目发展。

表 6.18 京津冀三地大气环境承载力系统耦合协调度与各子系统发展水平间的灰色关联度

关联度分类	北京市	天津市	河北省
污染破坏承载子系统指数与系统耦合协调度关联度	0.6133	0.7241	0.4783
科技管理子系统指数与系统耦合协调度关联度	0.8266	0.6686	0.6133
使用消费子系统指数与系统耦合协调度关联度	0.7228	0.6122	0.6462

在此基础上，将京津冀地区大气环境看作一个整体，通过对 2011—2021 年京津冀三地大气环境承载力综合水平与京津冀地区整体大气环境承载力系统耦合协调度水平的灰色关联度进行分析发现，北京市是提高京津冀地区整体大气环境承载力水平的核心区域，其与京津冀地区整体大气环境承载力系统耦合协调水平的关联度最大，为 0.8192（见表 6.19）。

表 6.19 京津冀三地大气环境承载力水平与整体大气环境承载力系统耦合协调度的关联度

关联度分类	指数
北京市大气环境承载力综合指数与京津冀地区整体大气环境承载力系统耦合协调度	0.8192
天津市大气环境承载力综合指数与京津冀地区整体大气环境承载力系统耦合协调度	0.5331
河北省大气环境承载力综合指数与京津冀地区整体大气环境承载力系统耦合协调度	0.5661

结合第五章对京津冀地区资源环境承载力评价体系影响因素的权重分析，京津冀地区大气环境承载力系统耦合协调度与各子系统间关联度分析，以及京津冀三地大气环境承载力综合水平与京津冀地区整体大气环境承载力系统耦合协调度关联度分析发现，北京市的大气环境承载力水平对于京津冀地区大气环境承载力系统的有序发展水平的影响最大，北京市是影响京津冀地区大气环境承载力水平的核心区域。对于北京市来说，科技管理子系统对北京市大气环境承载力水平的影响最大，进而可以被看作京津冀地区大气环境承载力水平的主要影响子系统。另外，森林覆盖率是北京市大气环境承载力使用消费子系统中权重最大的指标，因此，该指标也成为影响北京市以及京津冀地区大气环境承载力系统的核心要素。

三、综合资源环境承载力系统分析

根据耦合协调分析原理，首先，计算京津冀各地区资源环境承载力 3 个子系统的综合发展水平。将京津冀三地资源环境承载力各子系统代入熵值法的计算公式中，计算各子系统指标权重 a_i、b_i、c_i，随后将各子系统指标权重，以及各项指标标准化后的值代入公式（6.1）（6.2）（6.3），计算各子系统综合效益 $f(x)$、$g(y)$、$h(z)$。其次，计算京津冀三地资源环境承载力系统耦合度和综合评价指数。将各子系统综合效益代入公式（6.4），计算三地资源环境承载力系统耦合度 C，并将 3 个子系统的权重 α、β、θ 和综合效益代入公式（6.5），计算整体系统的综合评价指数 T。最后，将系统耦合度 C 和综合评价指数 T 代入公式（6.6），计算资源环境承载力系统的耦合协调度 D，并根据耦合协调度等级分类标准，确定其所处的协调发展类型。同时，将京津冀地区看作一个整体，分别以三地资源环境承载力综合指数作为子系统，代入熵值法公式、耦合协调度公式后，计算各年份京津冀三地资源环境承载力综合指数间的耦合协调度，确定各年份京津冀地区整体资源环境承载力系统所处的耦合协调发展阶段。

根据灰色关联分析原理，首先，分别将京津冀三地资源环境承载力耦合协调度水平设置成标准对象，将各子系统综合指数水平设置成比较对象，并将数据代入（6.7）计算各序列初值像，代入公式（6.8）（6.9），计算初值像对应分量之差的绝对值序列以及最大值与最小值，再将绝对值序列、最大值与最小值代入公式（6.10）（6.11），计算三地资源环境承载力各子系统与耦合协调度水平的关联度。同时，将京津冀地区看作一个整体，将京津冀地区整体资源环境承载力耦合协调度水平设置成标准对象，将三地资源环境承载力综合指数设置成比较对象，并将数据代入关联度计算公式中，计算京津冀三地资源环境承载力水平与京津冀地区整体资源环境承载力系统耦合协调水平的关联度。

（一）系统协调发展水平分析

分析 2011—2021 年京津冀地区整体资源环境承载力系统耦合协调度发

展水平，以及京津冀各地区资源环境承载力系统耦合协调度发现，2011—2021年，京津冀地区整体资源环境承载力系统耦合协调度水平呈现上升趋势，综合指数从2011年的0.1476发展到2021年的0.2053，由“严重失调”发展到“中度失调”水平。具体来看，京津冀三地各自的资源环境承载力耦合协调度水平均呈现上升趋势，均由“中度失调”发展到“轻度失调”的水平。其中，北京市从2011年的0.2837发展到2021年的0.3187；天津市从2011年的0.2917发展到2021年的0.3188；河北省从2011年的0.2878发展到2021年的0.3160。从总体上看，京津冀地区资源环境承载力系统耦合协调度水平从2020年进入“中度失调”水平，三地从2016年进入“轻度失调”水平，系统的有序协调发展劲头持续增强（见表6.20）。

表6.20　京津冀地区2011—2021年资源环境承载力系统耦合协调度水平综合指数

年份/年	京津冀	北京市	天津市	河北省
2011	0.1476	0.2837	0.2917	0.2878
2012	0.1455	0.2848	0.2902	0.2877
2013	0.1507	0.2906	0.2911	0.2885
2014	0.1547	0.2904	0.2923	0.2926
2015	0.1563	0.2934	0.2932	0.2924
2016	0.1763	0.3035	0.3004	0.3039
2017	0.1839	0.3067	0.3025	0.3094
2018	0.1845	0.3086	0.3027	0.3089
2019	0.1944	0.3120	0.3141	0.3096
2020	0.2025	0.3173	0.3154	0.3164
2021	0.2053	0.3187	0.3188	0.3160

（二）系统要素关联性分析

综合分析2011—2021年影响京津冀各地区资源环境承载力耦合协调度的主要子系统，以及影响京津冀地区资源环境承载力耦合协调度水平的核心地区发现，对京津冀地区资源环境承载力耦合协调度影响最大的是使用消费子系统，北京市、天津市、河北省关联度分别为0.7441、0.6334和0.7920

(见表6.21)。北京市要注重自身对包括石油在内的生产生活性能源的消费，注重调整能源结构，加大对清洁能源的使用，在满足资源环境消费需求的同时实现资源环境改善的同步发展。对于天津市和河北省来说，对资源环境的使用消费是影响两地资源环境承载力水平的最关键要素。天津市和河北省的共性是以人均用水量为代表的水资源环境消费水平已经成为制约天津市和河北省经济社会发展的重要问题。为此，天津市和河北省要注重对包括水资源在内的各类资源能源进行合理有效的使用消费，在继续做好产业结构调整、降耗减排等工作的基础上，加大环保宣传，着力提升资源环境利用率，注重对各类资源环境的合理消费，以提升资源环境承载力水平。对京津冀三地资源环境承载力系统耦合协调度影响程度排在第二位的子系统，北京市和河北省是科技管理子系统（北京市关联度为0.7407，河北省关联度为0.6271）；天津市是污染破坏承载子系统（关联度为0.6261）。北京市要充分发挥自身在科技、人才等方面的优势，加大对资源环境保护的科技研发投入，加快高水平科研成果的转化应用，指导相关企业通过加强科研成果应用最大限度减少环境污染，不断提升资源综合利用率；河北省要注重借助北京市、天津市在科技管理方面的优势，提升自身在科技治污方面的能力和水平，注重采用现代化的科技手段推动生态修复，提升承载能力；天津市则要注重在发展生产的过程中，减少对氨氮等各类污染物的排放以及对各类资源的破坏，最大限度地缓解经济社会发展过程中对资源环境产生的压力。对北京市和河北省资源环境承载力系统耦合协调度影响程度排在第三位的子系统是污染破坏承载子系统，关联度分别为0.6050和0.5507；对于天津市资源环境承载力系统耦合协调度影响程度排在第三位的子系统是科技管理子系统，关联度为0.5576。针对这一结果，北京市和河北省要在对资源环境进行合理有效消费的同时，注重对资源环境的保护，减少污染和破坏，不断提升资源环境承载力的内生动力；天津市要注重发挥科技治污优势，加强对资源环境的高效利用，提升科技治理资源环境的能力及水平。

表 6.21 京津冀三地资源环境承载力系统耦合协调度与各子系统发展水平间的灰色关联度

关联度分类	北京市	天津市	河北省
污染破坏承载子系统指数与系统耦合协调度关联度	0.6050	0.6261	0.5507
科技管理子系统指数与系统耦合协调度关联度	0.7407	0.5576	0.6271
使用消费子系统指数与系统耦合协调度关联度	0.7441	0.6334	0.7920

在此基础上，将京津冀地区资源环境看作一个整体，通过对 2011—2021 年京津冀三地资源环境承载力综合水平与京津冀整体资源环境承载力耦合协调度水平进行关联分析发现，北京市的资源环境承载力水平对于整个京津冀地区的资源环境承载力的耦合协调度的影响最大，关联度为 0.6559，北京市是影响京津冀地区整体资源环境承载力系统耦合协调水平的核心地区（见表 6.22）。

表 6.22 京津冀三地资源环境承载力综合水平与京津冀地区整体资源环境承载力资源环境承载力系统耦合协调度的关联度

关联度分类	指数
北京市资源环境承载力综合指数与京津冀地区整体资源环境承载力系统耦合协调度关联度	0.6559
天津市资源环境承载力综合指数与京津冀地区整体资源环境承载力系统耦合协调度关联度	0.5789
河北省资源环境承载力综合指数与京津冀地区整体资源环境承载力系统耦合协调度关联度	0.6372

结合第五章对京津冀地区资源环境承载力评价体系影响因素的权重分析，京津冀三地资源环境承载力系统耦合协调度与各子系统间的灰色关联度分析，以及京津冀三地资源环境承载力综合水平与京津冀地区整体资源环境承载力耦合协调度的关联分析发现，北京市的资源环境承载力水平对京津冀地区资源环境承载力系统协调发展水平的影响最大，北京市是影响京津冀地区资源环境承载力水平的核心区域。近年来，北京在疏解非首都功能中实现减量提质，从源头上严控非首都功能增量，随着京津冀协同发展的深入推进，关键是牢牢牵住疏解北京非首都功能这个“牛鼻子”。北京市作为影响

京津冀地区资源环境承载力的重要地区，对于推动京津冀协同发展不断迈上新台阶具有十分重要的意义。使用消费子系统对北京市资源环境承载力水平的影响最大，可以被看作京津冀地区资源环境承载力水平的主要影响子系统。北京市要通过推动生活垃圾源头减量、分类回收和资源化利用，完善回收体系，加快建设与分类回收相匹配的资源化利用设施；完善绿色消费政策，规范绿色产品市场，促进绿色消费；完善机动车控制政策，健全绿色交通出行体系，引导绿色出行；加权绿色建筑法规，发展绿色金融，推广绿色建筑；加强宣传教育和培训，组织开展绿色文化活动，倡导绿色生活理念等一系列举措，打造良好的绿色生活消费模式，树立良好典范，促进区域资源环境与经济社会平衡发展。人均用水量、人均公园绿地面积、批发零售业和住宿餐饮业最终消费情况（石油）占终端消费量（石油）比重是北京市资源环境承载力使用消费子系统的主要影响因素，下一步，京津冀地区应着力围绕上述指标提高京津冀地区资源环境承载力水平，也在加强资源环境保护的同时满足人民生产生活需要。

四、综合资源环境承载力与产业发展关联性分析

本书在对京津冀地区资源环境承载力水平进行系统分析的基础上，为了进一步探究京津冀地区资源环境承载力与产业发展之间的相互关系，根据灰色关联分析原理，首先，分别将京津冀三地资源环境承载力耦合协调度水平设置成标准对象，将京津冀三地三个产业占 GDP 比例设置成比较对象，并将数据代入（6.7）计算各序列初值像，代入公式（6.8）（6.9），计算初值像对应分量之差的绝对值序列以及最大值与最小值，再将绝对值序列、最大值与最小值代入公式（6.10）（6.11），计算各地区产业发展水平与资源环境承载力耦合协调度水平的关联度，结果见表 6.23。

通过分析发现，对于北京市、天津市、河北省资源环境承载力耦合协调水平影响最大的是第三产业，关联度分别为 0.8737、0.6958、0.6954。当前，对京津冀三地来说，第三产业对三地的经济社会发展影响较大，第三产业发展过程中对资源环境的使用消费在很大程度上影响了三地资源环境承载力水平。对于京津冀三地的影响排在第二位的产业分别为：北京市为第二产

业，关联度为0.6768；天津市和河北省为第一产业，关联度分别为0.6575和0.6523。可见，对于北京市来说，工业对资源环境的消费使用影响较大，对于天津市和河北省来说，农业对资源环境的消费使用影响较大。对于京津冀三地的影响排在第三位的产业分别为：北京市为第一产业，关联度为0.5921；天津市和河北省为第二产业，关联度分别为0.6230和0.6205。

表6.23　京津冀2011—2021年能源消费与产业结构关联度分析

产业分类	北京市	天津市	河北省
第一产业	0.5921	0.6575	0.6523
第二产业	0.6768	0.6230	0.6205
第三产业	0.8737	0.6958	0.6954

五、本章小结

本章主要对京津冀地区资源环境承载力进行耦合协调分析和灰色关联分析。通过耦合协调度水平分析发现，京津冀地区整体资源环境承载力系统耦合协调水平呈现上升趋势，已由“严重失调”发展到“中度失调”，京津冀三地资源环境承载力系统耦合协调度水平持续提升，由“中度失调”发展到“轻度失调”水平。通过灰色关联度分析发现，天津市是京津冀地区水资源环境承载力水平的核心影响区域；北京市不仅是京津冀地区土地资源环境承载力水平、大气环境承载力水平的核心影响区域，同时也是京津冀地区整体资源环境承载力水平的核心影响区域；使用消费子系统既是影响北京市资源环境承载力水平的核心子系统，也是影响京津冀地区资源环境承载力水平的核心子系统。

第七章

DIQIZHANG

基于绿色发展理念的京津冀地区资源环境承载力提升对策建议

前文借助熵值法、耦合协调分析法、灰色关联分析法对京津冀三地资源环境承载力水平进行了评价和系统分析，为进一步提升京津冀地区资源环境承载力水平提供了更加科学、全面的分析基础。本章将会结合上述研究成果，根据 WSR 系统方法论研究体系，基于绿色发展理念分别从资源环境承载力系统的物理、事理、人理三个方面对京津冀地区资源环境承载力提升提出对策建议。

一、尊重资源环境物理规律，增强资源环境内生承载水平

从物理层面看，强化自然界的自我修复能力是提升资源环境承载力水平的根本。为此，一方面，要尊重京津冀地区资源环境的自我修复规律，注重发挥资源环境的内生承载能力；另一方面，还要通过加大对资源环境的保护力度，切实保护资源环境生态属性。

（一）恢复生态修复能力，提升承载水平

通过对京津冀三地资源环境承载力评价指标体系的分析发现，对京津冀三地资源环境承载力影响较大的生态环境指标包括森林覆盖率、湿地总面积占区域面积比重、人均公园绿地面积、建成区绿化覆盖率、建成区绿地率等。其中，森林覆盖率这一指标在京津冀三地土地资源环境承载力水平影响方面的权重最高，分别为 0.0208、0.0187、0.0242。在大气环境承载力水平影响方面，河北省湿地总面积占区域面积比重指标最高，权重为 0.0303；北京市的人均公园绿地面积指标的权重为 0.0136，天津市的建成区绿化覆盖率指标的权重为 0.0176，河北省的建成区绿地率指标的权重为 0.0216。森林、湿地、绿地都是京津冀地区重要生态资源的代表，三类生态资源在各地资源环境承载力指标体系中所占的比重都较高，由此可见，生态水平是影响京津冀地区资源环境承载力水平的重要因素。要提升京津冀地区资源环境

承载力水平，很重要的一点是要在尊重生态环境自身规律的基础上，不断强化生态环境的自我修复功能，通过恢复生态环境自身的“造血机能”，进一步提升资源环境抵御外界压力的能力和水平，加大自身的容污和消化能力。由于京津冀地区具有一定的生态资源，具备生态自我修复的能力和基础，要注重发挥生态系统自身的修复能力，为从根本上提升京津冀地区资源环境承载力水平打下坚实的基础。

（二）加大降耗减排力度，减少承载负荷

加大对生态环境的保护力度，减排、降耗、降污是行之有效的重要手段。京津冀地区要在维护资源环境承载力稳步上升趋势的基础上，结合不同资源环境的特点，有针对性地开展生态保护和节能减排工作。其中，对于水资源环境，要切实贯彻落实水污染防治行动计划的相关规定，重点加强对包括化学需氧量（北京市权重 0.0243）、氨氮（天津市权重 0.0271、河北省权重 0.0238）等污染物排放的监控，努力削减工业、城镇生活、农村农业排污总量，全面控制污染物排放，全面推动深化水资源环境的治污减污工作；对土地资源，要加强对京津冀地区土地的涵养，从建立生态屏障、城市功能区、绿色农业区、生态功能区等方面对土地功能区进行规划，通过改善土地生态环境，加快农用地整理、中低产田改造，大力发展绿色清洁型产业，坚决切断各类土壤污染来源，加大对耕地实施化肥的管理（北京市权重 0.0162、天津市权重 0.0174），确保土壤环境质量，同时，注重对城市垃圾的处理（河北省权重 0.0239），进一步提升土地资源环境承载力水平；对于大气环境，要加大对高污染、高耗能的钢铁、煤炭、水泥等企业的关停并转，加大对违规违法企业的惩处力度，对包括二氧化硫排放（北京市权重 0.0231、天津市权重 0.0243、河北省权重 0.0211）等各类大气环境污染情况进行严防严控；同时，通过优化产业结构、降低能耗等方式减少大气污染物的排放，特别是减少对煤炭的消费，大力增加对天然气等清洁能源的消费，不断调整能源消费结构，实现新旧动能转换，在提升大气环境承载力的同时，倒逼产业结构调整，提升经济社会发展的绿色水平。

二、优化科技管理事理手段，提升资源环境承载外生动力

科学环保技术对于预防、控制或减少环境污染，改善或提升环境质量，促进生态平衡和人类健康具有十分重要的意义，不仅可以解决环境问题，还可以带来包括节约资源、降低成本、提高竞争力、创造就业、增强公众参与等在内的经济效益和社会效益。为此，京津冀地区要充分借助科技环保力量，加大资源环境保护，切实提升区域资源环境承载力水平。

（一）加大科技管理投入，提高科学化管理水平

科技管理对于京津冀地区资源环境承载力水平提升发挥着重要作用。科技管理手段是扩充各类资源存量，提升环境污染综合治理水平，科学合理保护和运用资源环境的重要手段。加大对资源环境的科技管理力度，即便在现有的资源环境条件下，仍然能够在很大程度上提高资源环境的潜能，减少资源环境紧张带来的压力。例如，可以通过提升工业废水治理设施处理能力（北京市权重 0.0232）、提升水资源无害化处理能力（天津市权重 0.0216）、加大对工业废水污染治理投资力度（河北省权重 0.0219）等一系列科技管理手段提升京津冀三地水资源环境承载力水平。京津冀地区要始终重视科技管理在提升资源环境承载力水平上的重要作用，加大对资源环境科技管理的投入，充分发挥北京市和天津市在科技和管理上的优势，加强区域科技管理创新，不断提高资源环境承载力水平。

（二）充分利用科技优势，加强资源环境综合治理

要发挥京津冀三地区位优势，错位发展，补位协同，不断深化协同机制，建立健全源头追溯、线索移送、联合调查、联动执法等机制，不断加大协同力度，加强科技成果共享，推动绿色转型。特别是要充分加强对京津冀地区资源环境的科技治理，不断提升科技治污的能力和水平，加强科技治污手段的优化共享，强化信息共享、会商研判，实行统一预警、统一预案、统一响应、统一应对，确保污染过程“削峰降速”，提高全区域资源环境综合治理水平。在水污染防治方面，要注重建立以流域为单元的水资源管理体

系，推动区域内各地区采取综合措施，提高水体达标率，注重利用先进的水处理技术，将雨水、进口水、再生水和海水转化为安全可靠的饮用水供应；在固体废弃物污染防治方面，通过建立以减量化、再利用和再循环为原则的废物管理体系，促进大宗工业固体废物资源化利用，推动垃圾分类回收和焚烧发电等技术的广泛应用，加快实现垃圾无害化处理和能源化利用；在大气污染防治方面，加强科技攻关和创新平台建设，在分析和预测重污染天气的成因和趋势、监测和预警水环境的质量和风险、处置重金属污染地块等技术方面实现关键突破，推动汽车尾气排放标准的提高和清洁能源汽车的普及，有效减少大气污染物排放。

（三）发挥市场调节作用，引导社会开展绿色消费

政府可以通过发挥税收、价格、补偿、奖励等市场手段，更好地开展生态环境保护。在税收方面，充分发挥生态环境保护税在推动环保产业发展、引导绿色消费的作用；加大对国家支持发展的环保设备所需进口零部件及原材料的关税减免；对部分高耗能、高污染产品提高征税。在价格方面，建立健全反映资源稀缺程度和环境修复费用的定价与收费政策。例如，设立阶梯水价、提高污水费征收标准；修订城镇污水处理费、排污费、水费征收管理办法，合理提高征收标准。在激励机制建设方面，加大对重视环保的企业的激励措施，形成示范效应，鼓励支持节能减排先进企业达到更高标准，支持企业开展清洁生产等示范工作。

三、科学引导管理人理需求，提升需求与生态承载协调水平

资源环境承载力的承载客体是人类社会与自然界之间的相互关系，而根本上的受益方还是人类社会。通过对京津冀地区三类资源环境承载力主要影响因素、承载力系统协调度、要素间关联度分析发现，使用消费子系统对北京市、天津市、河北省三地资源环境承载力系统耦合协调度水平的影响最大（关联度分别为 0.7441、0.6334、0.7920），使用消费子系统对京津冀三地水资源环境承载力（关联度分别为 0.7903、0.7244、0.8663），河北省土地

资源环境承载力（关联度为 0.7148）、大气环境承载力（关联度为 0.6462）影响均是最大的。因此，使用消费子系统对京津冀地区各类资源环境承载力系统协调有序发展水平的影响程度较大，是造成承载力水平对经济社会发展产生约束和制约的重要子系统。为此，全社会有责任和义务积极参与到生态文明的建设中来。

（一）践行新发展理念，明确新行动指南

良好的生态环境，是京津冀协同发展的重要基础，是实现京津冀地区经济可持续发展的重要支撑，也是提升京津冀三地民生福祉的最直接体现。近年来，京津冀三地牢固树立“一盘棋”思想，认真落实京津冀协同发展重大战略部署，三地相关部门密切联系，签订实施多项协议，不断推动生态环境联建联防联治；三地强化标准协同，在标准上紧密衔接，特别是水资源环境和大气环境相关标准；三地强化执法协同，建立京津冀环境执法联动工作机制，从定期会商、联动执法、联合检查、联合督查和信息共享等方面推进此项工作。与此同时，三地的经济社会发展水平不断提升，产业结构不断调整，第三产业已经成为区域内主要产业，人民生产生活水平不断提高。由此可见，资源环境保护与经济社会发展并不矛盾。我们既不赞成单纯为了保护环境而停止发展，更不赞成不顾资源环境承载水平一味地追求经济社会发展，特别是对于京津冀地区这类资源环境较为脆弱的地区，必须要牢固树立“绿水青山就是金山银山”的新发展理念，要在遵循资源环境自身发展规律的基础上，实现资源环境与经济社会的和谐有序协调发展。

（二）增强生态责任意识，调整过度消费需求

人类生态责任意识的不足，是现代生态危机产生的深层次根源。面对经济下行的巨大压力，京津冀地区的企业更要始终牢记自己身负的生态责任，下决心对自身高资源消耗、高能源消耗的企业类型进行调整，努力降耗减排，实现绿色发展；同时，以降耗、减排、节能为契机，紧紧抓住京津冀协同发展重大机遇，依托京津两地在电子信息产业、现代服务业、金融业等产业发展的优势，加快产业结构调整和企业的升级改造。对于公众来说，要注重调整优化生活中的各种消费需求，既要注重减少对各类资源环境的过度消

费，又要注重使用太阳能、天然气等清洁能源，减少污染排放；要树立生态环境保护的主人翁意识，强化主动参与意识及资源节约意识，将节约资源能源视为生态伦理美德，形成全民节约的良好社会风尚；培育简约适度的消费理念，反对过度消费和炫耀性消费，让现实需求保持在自然环境可承受范围之内。

（三）加强环境保护宣传，鼓励公众广泛参与

随着生活水平的提高，公众对身边环境的重视程度越来越高，环保意识不断增强，对环境问题事件也特别敏感。环境的保护离不开公众的积极参与和配合，每一项保护工作的成败最终也将由公众来评判。通过研究发现，人均用水量、每千公顷耕地面积施用化肥量、森林覆盖率 3 个指标分别是影响京津冀地区水资源环境、土地资源环境、大气环境承载力的核心指标，而这 3 个指标又与京津冀地区人们的生活息息相关。为此，京津冀地区要加大对各类资源环境保护的宣传。在水资源保护方面，加大节水用具的推广和普及，逐步建立节约型生产生活用水体系，建立节水机制，严控水资源浪费；在土地资源环境保护方面，要加大对化肥实施危害的宣传力度，最大限度地减少化肥实施对土地的危害；在大气环境保护方面，鼓励公众加强自我约束，更多地参加植树造林、城市绿化等各类功能性生态公共基础设施建设工程，不断提高土地资源的综合利用率，提高大气环境的涵养水平。

四、本章小结

本章基于京津冀资源环境承载力综合评价和系统分析结果，按照 WSR 系统方法论的研究思路，分别从物理、事理、人理三个方面对京津冀地区资源环境承载力水平提升提出对策建议。其中，在物理层面，从尊重资源环境物理规律、增强资源环境内生承载水平的角度分析，提出“恢复生态修复能力，提升承载水平”“加大降耗减排力度，减少承载负荷”2 项对策建议；从优化科技管理事理手段、提升资源环境承载外生动力的角度分析，提出“加大科技管理投入，提高科学化管理水平”“充分利用科技优势，加强资源环境综合治理”“发挥市场调节作用，引导社会开展绿色消费”3 项建议；

从科学引导管理人理需求、提升需求与生态承载协调水平的角度分析，提出“践行新发展理念，明确新行动指南”“增强生态责任意识，调整过度消费需求”“加强环境保护宣传，鼓励公众广泛参与”3项对策建议。

第 八 章
DIBAZHANG

结论与展望

一、研究结论

新时代，面对资源环境保护、经济社会发展的各种现实需要，加强对资源环境承载力的研究对于进一步处理资源环境与经济社会之间的关系具有十分重要的意义。本书以京津冀地区资源环境承载力作为研究对象，基于WSR系统方法论的相关理论知识，构建了基于绿色发展理念的资源环境承载力评价和系统分析理论基础，并运用熵值法、耦合协调分析法、灰色关联分析法的方法组合对资源环境承载力系统内指标的重要程度、系统耦合协调发展水平、系统内各子系统之间的相互关系、各子系统与系统整体的关联度等一系列问题进行了研究，并在此基础上结合京津冀地区的资源环境以及经济社会发展状况，分别从物理、事理、人理三个方面提出了资源环境承载力提升的对策建议。研究结论如下：

第一，京津冀地区需要结合各地区经济社会发展特点以及产业结构的实际加强对资源环境的保护和治理。通过对北京市资源环境承载力水平的评价发现，化学需氧量排放总量（权重 0.0243）、批发零售业和住宿餐饮业最终消费情况（石油）占终端消费量（石油）比重（权重 0.0318）分别是北京市资源环境承载力污染破坏承载子系统和使用消费子系统权重最高的指标，两个指标共同反映出生产生活对资源的消费已经成为影响北京市资源环境承载力水平的重要核心要素。对于经济社会发展程度较高的北京市来说，需要在加快经济社会发展的同时，始终注重资源环境的保护，注重节能减排工作，以实现人民生产生活进步和生态环境保护同步发展的目标。通过对天津市资源环境承载力水平的评价发现，氨氮排放量（权重 0.0271）和人均用水量（权重 0.0328）分别是天津市资源环境承载力污染破坏承载子系统和使用消费子系统权重最高的指标，两个指标共同反映了水资源环境问题已经成为制约天津市经济社会发展的重要因素。当前正是天津市第三产业快速发展的重要时期，对于天津市来说，需着力解决水资源紧缺对生产生活的制约问题。通过对河北省资源环境承载力水平的评价发现，每万人城市人口产生垃圾数增长（权重0.0239）带来的土地资源破坏问题，以及人均用水量提升（权重0.0233）带来的水资源使用消费问题，都成为制约河北资源环境承载力的关键。河北省要在加快经济社会发展的同时注意到人居环境的改善，加强对城市垃圾处理和人均用水量控制等与广大人民群众生活息息相关的资源环境问题的改善工作。

第二，京津冀地区资源环境承载力水平发展趋势良好，但无论是资源环境承载力水平，还是耦合协调水平均有较大的发展空间。尊重资源环境物理规律，优化科技管理事理手段，科学引导管理人理需求是提升京津冀地区资源环境承载力水平的重要思路。遵循资源环境自身的生态属性，即自我修复规律是从根本上提升资源环境承载力水平的关键。京津冀地区要认识到对资源环境的保护与生态涵养是从根本上提高资源环境承载力水平的手段，应当注重发挥资源环境自我恢复能力，不断提升京津冀地区资源环境承载力水平的内生动力。科学技术管理是影响京津冀地区资源环境承载力水平的重要子系统，是提高生态自我修复能力、更好地保护资源环境的有效手段。京津冀地区应当发挥自身在科技管理方面的优势，加大对资源环境的治理和保护，加快资源环境承载力水平的提升。同时，京津冀地区既面临着经济社会发展的现实需要，又面临着生态环境保护的需求，必须要始终坚持用新时代生态文明思想指导具体工作，维护经济社会与资源环境的和谐有序发展，提升资源环境科学合理消费的意识和水平。

第三，资源环境保护与经济社会发展之间并非此消彼长的对立关系，加大对资源环境的综合治理不仅不会降低经济社会发展水平和缩小人口发展规模，反而能够有效地促进生产力的发展，进而推动整个经济社会的发展。通过对京津冀地区资源环境承载力发展水平以及区域内经济社会发展水平的比较来看，加强对资源环境的综合治理，有助于提高GDP；同时，随着资源环境的改善，还可以有效提升人民生活水平，促进人口规模扩大。由此可见，资源环境保护和经济社会发展之间并非约束与被约束、制约与被制约的关系，两者此消彼长的传统的生态经济观已不适用，迫切需要“绿水青山就是金山银山”的生态文明理念来处理资源环境与经济社会之间的关系，实现科学、系统、全面可持续的发展。

第四，京津冀地区要根据不同地区、不同指标对整体资源环境承载力、各类资源环境承载力的影响程度，有针对性地加强资源环境治理和保护。通过研究发现，北京市是影响京津冀地区资源环境承载力水平的核心区域；使用消费子系统是影响北京市资源环境承载力水平的核心子系统，进而也成为影响京津冀地区资源环境承载力水平的核心子系统；提高人均公园绿地面积，减少人均用水量、批发零售业和住宿餐饮业对石油资源的消费是提升北京市资源环境承载力使用消费子系统水平的核心要素，进而也成为提升京津冀地区资源环境承载力的核心要素。天津市是影响京津冀地区水资源环境承载力水平的核心区域，北京市是影响京津冀地区土地资源环境、大气环境承载力水平的核心区域；使用消费子系统、污染破坏承载子系统、科技管理子系统又分别是影响天津市水资源环境承载力，北京市土地资源环境、大气环境承载力的关键子系统，进一步看人均用水量、每千公顷耕地面积施用化肥量、工业废气治理设施处理废气能力等三个因素又分别是对三个子系统影响最大的关键核心要素。由此可见，在提高京津冀地区资源环境承载力水平的过程中，要注重抓住主要矛盾，要能够对核心区域、主要影响因素进行分析，进而有针对性地开展工作，提高资源环境保护和治理的效率和水平。

第五，基于绿色发展理念 WSR 系统方法论构建的资源环境承载力“三螺旋耦合”理论模型、评价体系能够有效地展示资源环境承载力各要素之间的作用机理，有助于深入理解、把握资源环境承载力的内涵实质。资源环境承载力问题产生于资源环境与经济社会之间的互动关系，进一步看反映的是资源环境作为劳动对象，参与到生产力推动经济社会发展、满足社会需求的过程中形成的人与自然之间的互动关系。因此，在这个互动关系中，资源环境、科技管理、社会需求是三个核心要素，也构成了资源环境承载力的三个核心要素。要能够对资源环境承载力进行分析研究的理论，不仅要包含这三个核心要素，同时还要能够体现生产力推动经济社会发展的一般规律。而 WSR 系统方法论所包含的物理、事理、人理三个内涵正好可以分别对应资源环境承载力的资源环境、科技管理、社会需求三个核心要素，同时还可以呈现绿色发展理念下社会运行的一般规律。通过引入基于绿色发展理念的 WSR 系统方法论构建理论模型、评价模型，有助于深刻理解、把握资源环境承载力的内涵实质，以及要素之间的相互关系，进而对资源环境承载力水平进行更加科学有效的综合评价和系统分析。

第六，综合运用各种系统分析方法构建的系统分析方法组合能够有效地对资源环境承载力的特性进行综合评价和分析。通过对资源环境承载力“三螺旋耦合”理论模型的特点分析发现，资源环境承载力具有动态性、非线性、协调性、复杂性等特点，并且存在从初级耦合到高级耦合的演化发展进程。因此，单靠1至2种评价方法难以对资源环境承载力水平进行全面评价，需要构建能够对资源环境承载力进行静态和动态相结合的综合评价，进而对资源环境承载力问题进行研究。本研究运用熵值法对京津冀地区资源环境承载力综合水平以及主要影响因素的权重进行测算；运用耦合协调度模型发现京津冀地区资源环境承载力系统耦合协调水平虽然整体上呈现上升趋势，但仍然处在中度失调阶段；运用灰色关联度分析发现，北京市是京津冀地区资源环境承载力的核心影响区域，使用消费子系统是京津冀地区资源环境承载力的核心影响子系统，天津市是影响京津冀地区水资源环境承载力水平的核心区域，北京市是影响京津冀地区土地资源环境、大气环境承载力水平的核心区域，使用消费子系统、污染破坏承载子系统、科技管理子系统又分别是影响天津市水资源环境承载力，北京市土地资源环境、大气环境承载力的关键子系统。

二、研究创新点

本研究从社会运行发展角度分析出发，深刻剖析资源环境承载力系统要素间的互动关系和驱动机制，基于绿色发展理念 WSR 系统方法论构建反映资源环境承载力运行机理的“三螺旋耦合”理论模型以及评价指标体系，着重为建立资源环境承载力体系构建扎实的理论基础；立足于信息论、协同学、模糊数学等的交叉融合，构建更加系统完善的系统分析方法组合，着重对京津冀地区资源环境承载力重要影响因素、综合水平，以及系统的协调性、关联性、动态性进行评价和分析；在对综合评价、系统分析研究成果归纳整理的基础上，结合比较不同发展方案下的经济社会发展水平，提出对策建议，进一步满足指导京津冀地区资源环境承载力水平提升以及资源环境与经济社会协调发展的现实需要。本研究主要创新点如下：

第一，构建了基于绿色发展理念 WSR 系统方法论的资源环境承载力“三螺旋耦合”理论模型。

对资源环境承载力进行研究首先需要把握理论内涵，再在弄清楚要素间的互动关系与耦合效应，揭示资源环境承载力系统的驱动机制的基础上构建评价体系。而以往构建的资源环境承载力理论模型或是依据资源环境可承载生物种群最大规模的自然属性进行衡量，或是依据资源环境对经济社会发展最大规模支撑能力进行综合评价。依据自然属性衡量的结果较为单一，无法反映资源环境对经济社会承载水平的全貌，依据社会属性反馈机制评价的阈值结果存在不确定性，再加上过多的注重指标体系的要素构成，对要素间的互动关系和驱动机制把握不深，这些都在一定程度上无法满足资源环境与经济社会协调发展的理论需要。本研究基于绿色发展理念、社会动力学模型，增加了资源环境要素，对模型结构进行了优化，着重从资源环境、科技管理、社会需求三个方面探究了资源环境承载力的内涵以及要素间的互动关系和驱动机制，并基于 WSR 系统方法论构建起资源环境承载力“三螺旋耦合”模型，阐明了模型的特征、演化阶段等。

第二，构建了综合方法组合对京津冀资源环境承载力进行了静态和动态相结合的系统分析。

当前对于资源环境承载力的综合评价要求打破传统资源环境承载力研究中单一要素的、孤立的、静态的评价方法体系和模式，注重探索体现综合性、动态性、开放性的评价方法。以往对于资源环境承载力的研究，有的由于采用的系统分析方法较少，不足以对承载力水平进行全面系统的分析；有的以结果式、静态式分析方法为主，偏重于对承载力的协调性、有序性研究，忽略了对承载力的动态性评价；还有的以过程式、动态式分析方法为主，缺少对承载力耦合协调水平的总体评价。总的来说，以往研究的评价过程缺少对资源环境承载力的静态和动态综合的研究方法，因此，建立综合方法组合成为对资源环境承载力系统分析的重要研究方向。本研究在综合分析不同系统分析方法优缺点的基础上，构建了“熵值—耦合协调—灰色关联”新方法组合，对京津冀地区资源环境承载力的综合水平、指标影响程度、耦合协调水平、要素间关联水平，以及运行状态进行了静态和动态综合的评价分析，得出京津冀资源环境承载力整体水平和协调度呈上升趋势，但仍处于“中度失调”等级，北京市是影响京津冀地区资源环境承载力水平的核心区等结论。

三、研究展望

本书通过对京津冀地区主要资源环境承载力水平进行系统分析，制定了基于绿色发展理念的相关指标体系，对承载力系统进行了测量。但是对于基于绿色发展理念的资源环境承载力研究来说，这还只是开始。建立在绿色发展理念基础上的资源环境承载力研究还有很多的关注点需要学者在以下几个方面做出努力：

第一，进一步丰富完善指标体系。本书在总结前人研究的基础上，对资源环境承载力的相关内涵和作用机理进行了分析，并基于绿色发展理念和WSR系统方法论提出“三螺旋耦合”理论模型、评价体系。今后，还应进一步加强指标体系的丰富性和完善性，以期更全面地分析资源环境承载力问题。

第二，进一步探索其他研究方法。本书主要运用了熵值法、耦合协调分析法、灰色关联分析法等研究方法对资源环境承载力问题进行研究。今后，还应进一步探索其他研究方法对研究资源环境承载力问题的实用性，以期更加科学、准确地研究资源环境承载力问题。

第三，进一步拓展研究范围。本书对京津冀地区资源环境承载力进行了综合评价和系统分析。今后，可以运用本研究理论及方法对长三角地区、珠三角地区进行分析比较；还可以针对雄安新区、不同的资源环境功能区进行专题式的研究，以期丰富本研究相关理论和方法的应用价值。

参考文献

一、中文专著

习近平. 高举中国特色社会主义伟大旗帜　为全面建设社会主义现代化国家而团结奋斗——在中国共产党第二十次全国代表大会上的报告 [M]. 北京：人民出版社，2022.

谢高地，曹淑艳，鲁春霞，等. 中国生态资源承载力研究 [M]. 北京：科学出版社，2011.

沈渭寿，张慧，邹长新，等. 区域生态承载力与生态安全研究 [M]. 北京：中国环境科学出版社. 2010.

中共中央文献研究室. 习近平关于社会主义生态文明建设论述摘编 [M]. 北京：中央文献出版社，2017.

中共中央马克思恩格斯列宁斯大林著作编译局. 马克思恩格斯全集 第25卷 [M]. 北京：人民出版社，1974.

中共中央马克思恩格斯列宁斯大林著作编译局. 马克思恩格斯全集 第47卷 [M]. 北京：人民出版社，1979.

黄顺基. 自然辩证法概论 [M]. 北京：高等教育出版社，2004.

习近平. 习近平谈治国理政 第三卷 [M]. 北京：外文出版社，2020.

习近平. 习近平谈治国理政 第四卷 [M]. 北京：外文出版社，2022.

陈昌笃. 走向宏观生态学：陈昌笃论文选集 [M]. 北京：科学出版社，2009.

北京师范大学科学发展观与经济可持续发展研究基地，西南财经大学绿色经济与经济可持续发展研究基地，国家统计局中国经济景气监测中心. 2011中国绿色发展指数报告——区域比较 [M]. 北京：北京师范大学出版社，2011.

邱东. 我国资源、环境、人口与经济承载力研究［M］. 北京：经济科学出版社，2014.

胡宝清，严志强，廖赤眉，等. 区域生态经济学理论、方法与实践［M］. 北京：中国环境科学出版社，2005.

蔡琳. 系统动力学在可持续发展研究中的应用［M］. 北京：中国环境科学出版社，2008.

樊胜岳，周立华，赵成章. 中国荒漠化治理的生态经济模式与制度选择［M］. 北京：科学出版社，2005.

王玉芳. 国有林区经济生态社会系统协同发展机理研究［M］. 北京：中国林业出版社，2007.

杨玉珍. 中西部地区生态—环境—经济—社会耦合系统协同发展研究［M］. 北京：中国社会科学出版社，2014.

刘思峰，杨英杰，吴利丰. 灰色系统理论及其应用［M］. 7 版. 北京：科学出版社，2014.

苗东升. 系统科学精要［M］. 4 版. 北京：中国人民大学出版社，2016.

钟义信. 社会动力学与信息化理论［M］. 广州：广东教育出版社，2007.

顾基发，唐锡晋. 物理—事理—人理系统方法论：理论与应用［M］. 上海：上海科技教育出版社，2006.

二、译著

马克斯·韦伯. 经济与社会 第一卷［M］. 阎克文，译. 上海：上海人民出版社，2010.

赫尔曼·E. 戴利，肯尼斯·N. 汤森. 珍惜地球：经济学、生态学、伦理学［M］. 马杰等，译. 北京：商务印书馆，2001.

约翰·贝拉米·福斯特. 生态危机与资本主义［M］. 耿建新等，译. 上海：上海译文出版社，2006.

三、外文专著

ODUM E P. Fundamentals of Ecology［M］. Philadelphia：W. B. Saunders，1953.

HERBERT M. An Essay on Liberation [M]. Boston: MA. Beacon Press, 1969.

四、中文期刊论文

樊杰，周侃，王亚飞. 全国资源环境承载能力预警（2016 版）的基点和技术方法进展 [J]. 地理科学进展，2017（03）：266－276.

高湘昀，安海忠，刘红红. 我国资源环境承载力的研究评述 [J]. 资源与产业，2012（06）：116－120.

于贵瑞，张雪梅，赵东升，等. 区域资源环境承载力科学概念及其生态学基础的讨论 [J]. 应用生态学报，2022（03）：577－590.

盖美，聂晨，柯丽娜. 环渤海地区经济—资源—环境系统承载力及协调发展 [J]. 经济地理，2018（07）：163－172.

吕若曦，肖思思，董燕红，等. 基于层次分析法的资源环境承载力评价研究——以镇江市为例 [J]. 江苏农业科学，2018（09）：268－272.

王锟. 工具理性和价值理性——理解韦伯的社会学思想 [J]. 甘肃社会科学，2005（01）：120－122.

张云飞. 生态理性：生态文明建设的路径选择 [J]. 中国特色社会主义研究，2015（01）：88－92.

封志明，李鹏. 承载力概念的源起与发展：基于资源环境视角的讨论 [J]. 自然资源学报，2018（09）：1475－1489.

齐亚彬. 资源环境承载力研究进展及其主要问题剖析 [J]. 中国国土资源经济，2005（05）：7－11，46.

李晓西，刘一萌，宋涛. 人类绿色发展指数的测算 [J]. 中国社会科学，2014（06）：69－95，207－208.

郑红霞，王毅，黄宝荣. 绿色发展评价指标体系研究综述 [J]. 工业技术经济，2013（02）：142－152.

张欢，罗畅，成金华，等. 湖北省绿色发展水平测度及其空间关系 [J]. 经济地理，2016（09）：158－165.

刘明广. 中国省域绿色发展水平测量与空间演化 [J]. 华南师范大学学报（社会科学版），2017（03）：37－44，189－190.

李佳璐，胡昊，贾大山. 海洋经济可持续发展指数的构建及实证研究：以上海为例 [J]. 海洋环境科学，2015 (06)：942-948.

邬建国，郭晓川，杨稢，等. 什么是可持续性科学 [J]. 应用生态学报，2014 (01)：1-11.

赵先贵，肖玲，马彩虹，等. 基于生态足迹的可持续评价指标体系的构建 [J]. 中国农业科学，2006 (06)：1202-1207.

陈晨，夏显力. 基于生态足迹模型的西部资源型城市可持续发展评价 [J]. 水土保持研究，2012 (01)：197-201.

杨丹荔，罗怀良，蒋景龙. 基于生态足迹方法的西南地区典型资源型城市攀枝花市的可持续发展研究 [J]. 生态科学，2017 (06)：64-70.

张美云. 人类发展指数研究前沿探析及未来展望 [J]. 改革与战略，2016 (07)：33-36，118.

王圣云，罗玉婷，韩亚杰，等. 中国人类福祉地区差距演变及其影响因素——基于人类发展指数（HDI）的分析 [J]. 地理科学进展，2018 (08)：1150-1158.

靳友雯，甘霖. 中国人类发展地区差异的测算 [J]. 统计与决策，2013 (13)：11-14.

李经纬，刘志锋，何春阳，等. 基于人类可持续发展指数的中国1990—2010年人类—环境系统可持续性评价 [J]. 自然资源学报，2015 (07)：1118-1128.

彭建，刘松，吕婧. 区域可持续发展生态评估的能值分析研究进展与展望 [J]. 中国人口·资源与环境，2006 (05)：47-51.

张军民，张建龙，马玉香. 玛纳斯河流域—绿洲生态耦合的理论、方法及机制研究 [J]. 干旱区资源与环境，2007 (06)：7-11.

牛文元. 生态文明的理论内涵与计量模型 [J]. 中国科学院院刊，2013 (02)：163-172.

卢小兰. 中国省域资源环境承载力评价及空间统计分析 [J]. 统计与决策，2014 (07)：116-120.

邓伟. 山区资源环境承载力研究现状与关键问题 [J]. 地理研究，2010 (06)：959-969.

程长林，任爱胜，王永春，等. 基于协调度模型的青藏高原社区畜牧业生态、社会及经济耦合发展 [J]. 草业科学，2018 (03)：677-685.

王介勇，吴建寨. 黄河三角洲区域生态经济系统动态耦合过程及趋势 [J]. 生态学报，2012 (15)：4861-4868.

钟霞，刘毅华. 广东省旅游—经济—生态环境耦合协调发展分析 [J]. 热带地理，2012 (05)：568-574.

尹新哲，杨红，任珏珑. 生态农业——生态旅游业耦合产业混合经济产出的最优化设计及评估 [J]. 统计与决策，2011 (05)：78-80.

张胜武，石培基，王祖静. 干旱区内陆河流域城镇化与水资源环境系统耦合分析——以石羊河流域为例 [J]. 经济地理，2012 (08)：142-148.

杨忍，刘彦随，龙花楼. 中国环渤海地区人口—土地—产业非农化转型协同演化特征 [J]. 地理研究，2015 (03)：475-486.

任海军，曹盘龙，张爽. 基于熵值法的生态社会评价指标体系研究——以我国西部地区为例 [J]. 华东经济管理，2014 (05)：71-76.

王龙，徐刚，刘敏. 基于信息熵和 GM (1，1) 的上海市城市生态系统演化分析与灰色预测 [J]. 环境科学学报，2016 (06)：2262-2271.

戴明宏，王腊春，魏兴萍. 基于熵权的模糊综合评价模型的广西水资源承载力空间分异研究 [J]. 水土保持研究，2016 (01)：193-199.

邵磊，周孝德，杨方廷. 基于熵权和主成分分析水资源承载能力评价分析 [J]. 山东农业大学学报 (自然科学版)，2011 (01)：129-134.

成琨，付强，任永泰，等. 基于熵权与云模型的黑龙江省水资源承载力评价 [J]. 东北农业大学学报，2015 (08)：75-80.

王玉梅，王啸，张舒，等. 基于信息熵的区域人海复合生态系统可持续发展分析 [J]. 水土保持研究，2018 (03)：332-338.

单海燕，杨君良. 长三角区域生态经济系统耦合协调演化分析 [J]. 统计与决策，2017 (24)：128-133.

熊建新，陈端吕，彭保发，等. 洞庭湖区生态承载力系统耦合协调度时空分异 [J]. 地理科学，2014 (09)：1108-1116.

常玉苗. 水资源环境与城市生态经济系统耦合模型及评价 [J]. 水电能源科学，2018 (02)：55-58，27.

刘定惠，杨永春. 区域经济—旅游—生态环境耦合协调度研究——以安徽省为例［J］. 长江流域资源与环境，2011（07）：892－896.

樊杰，陶岸君，吕晨. 中国经济与人口重心的耦合态势及其对区域发展的影响［J］. 地理科学进展，2010（01）：87－95.

赵涛，李晅煜. 能源—经济—环境（3E）系统协调度评价模型研究［J］. 北京理工大学学报（社会科学版），2008（02）：11－16.

门可佩，张鹏. 江苏省农业生态经济结构的灰关联分析［J］. 江苏农业科学，2011（03）：611－612.

康艳，宋松柏. 水资源承载力综合评价的变权灰色关联模型［J］. 节水灌溉，2014（03）：48－53.

陆伟锋，刘彦宏，涂国平，等. “均衡发展”视角下生态文明发展水平评价研究——以江西省为例［J］. 生态经济，2017（10）：214－220.

石震，李战江，刘丹. 基于灰关联—秩相关的绿色经济评价指标体系构建［J］. 统计与决策，2018（11）：28－32.

陈静. 区域生态经济系统物质流量协调性分析［J］. 湖北农业科学，2014（23）：5888－5891.

孙步忠，范恒，黄士娟，等. 基于趋优融合灰色熵权法的生态经济综合指数动态评价——以江西省为例［J］. 生态经济，2017（12）：77－82.

樊杰，蒋子龙. 面向“未来地球”计划的区域可持续发展系统解决方案研究——对人文—经济地理学发展导向的讨论［J］. 地理科学进展，2015（01）：1－9.

刘文政，朱瑾. 资源环境承载力研究进展：基于地理学综合研究的视角［J］. 中国人口·资源与环境，2017（06）：75－86.

李扬，汤青. 中国人地关系及人地关系地域系统研究方法述评［J］. 地理研究，2018（08）：1655－1670.

孙钰，李新刚，姚晓东. 基于TOPSIS模型的京津冀城市群土地综合承载力评价［J］. 现代财经（天津财经大学学报），2012（11）：71－80.

李林汉，田卫民，岳一飞. 基于层次分析法的京津冀地区水资源承载能力评价［J］. 科学技术与工程，2018（24）：139－148.

王树强，张贵. 基于秩和比的京津冀综合承载力比较研究［J］. 地域研究与开发，2014（04）：19－25.
俞会新，李玉欣. 京津冀生态环境承载力对比研究［J］. 工业技术经济，2017（08）：20－25.

五、外文期刊论文

CLARKE A L. Assessing the Carrying Capacity of the Florida Keys［J］. Population & Environment，2002（04）：405－418.
HOPTON M E，CABEZAS H. Development of a Multidisciplinary Approach to Assess Regional Sustainability［J］. International Journal of Sustainable Development，2010（01）：48－56.
KATES R W. What Kind of a Science is Sustainability Science［J］. Proceedings of the National Academy of Sciences of the United States of America，2011（49）：19449－19450.
MRABET Z，ALSAMARA M. Testing the Kuznets Curve Hypothesis for Qatar：A Comparison between Carbon Dioxide and Ecological Footprint［J］. Renewable and Sustainable Energy Reviews，2017（70）：1366－1375.
HANNA S H S，OSBORNE－LEE I W，CESARETTI G P，et al. Ecological Agro－ecosystem Sustainable Development in Relationship to the other Sectors in the Economic System，and Human Ecological Footprint and Imprint［J］. Agriculture and Agruculture Science Procedia，2016（08）：17－30.
GIANGIACOMO B. The Human Sustainable Development Index：New Calculations and a First Critical Analysis［J］. Ecological Indicators，2014（37）：145－150.
LU H，ZHENG Y，ZHAO X，et al. A New Emergy Index for Urban Sustainable Development［J］. Acta Ecologica Sinica，2003（07）：1363－1368.
HONDROYIANNIS G，LOLOS S，PAPAPETROU E. Energy Consumption and Economic Growth：Assessing the Evidence from Greece

[J]. Energy Economic, 2002 (04): 319-336.

EWING R C, RUNDE W, ALBRECHT-SCHMITT T E. Environmental Impact of the Nuclear Fuel Cycle: Fate of Actinides [J]. MRS Bulletin, 2010 (11): 859-866.

EDA L E H, CHEN W. Integrated Water Resources Management in Peru [J]. Procedia Environmental Sciences, 2010 (01): 340-348.

REES W E. An Ecological Economics Perspective on Sustainability and Prospects for Ending Poverty [J]. Population & Environment, 2002 (01): 15-46.

DINDA S. Environmental Kuznets Curve Hypothesis: a Survey [J]. Ecological Economics, 2004 (04): 431-455.

LEE S, BROWN M T. Understanding Self-organization of Ecosystems under Disturbance Using a Microcosm Study [J]. Ecological Engineering, 2011 (11): 1747-1756.

DAVID T, CHABAY I. Coupling Human Information and Knowledge Systems with Social-ecological Systems Change: Reframing Research, education, and Policy for Sustainability [J]. Environmental Science & Policy, 2013 (28): 71-81.

HAYHA T, FRANZESE P P. Ecosystem Services Assessment: A Review under an Ecological-economic and Systems Perspective [J]. Ecological Modelling, 2014 (289): 124-132.

NGCOBO S, JEWITT G, STUART-HILL S, et al. Impacts of Global Change on Southern African Water Resources Systems [J]. Current Opinion in Environmental Sustainability, 2013 (06): 655-666.

CEDDIA M G, BARDSLEY N O, GOODWIN R, et al. A Complex System Perspective on the Emergence and Spread of Infectious Diseases: Integrating Economic and Ecological Aspects [J]. Ecological Economics, 2013 (07): 124-131.

六、学位论文

赵若玺．生态理性研究［D］．北京：中共中央党校，2021.

刘晓男．山东省绿色发展测度研究［D］．聊城：聊城大学，2018.

钟世坚．区域资源环境与经济协调发展研究——以珠海市为例［D］．长春：吉林大学，2013.

李赫．京津保土地资源承载能力演化与生态发展路径研究［D］．保定：河北大学，2016.

七、网络资料

中国政府网．习近平：携手推进亚洲绿色发展和可持续发展［EB/OL］．https://www.gov.cn/ldhd/2010-04/10/content_1577863.htm.

中华人民共和国国务院新闻办公室．《新时代的中国绿色发展》白皮书（全文）［EB/OL］．http://www.scio.gov.cn/zfbps/zfbps_2279/202303/t20230320_707649.html.

八、其他资料

OECD. Towards Green Growth［R］. Honolulu：OECD Meeting of the Council，2011.

附录　京津冀地区分类别资源环境承载力指标体系

表 1　水资源环境承载力评价指标

准则层	指标层	指标性质
W 污染破坏承载	X_1 化学需氧量排放总量（吨）	逆指标
	X_2 氨氮排放量（吨）	逆指标
	X_3 石油类排放量（吨）	逆指标
	X_4 挥发酚排放量（千克）	逆指标
	X_5 氰化物排放量（千克）	逆指标
	X_6 铅排放量（千克）	逆指标
	X_7 六价铬排放量（千克）	逆指标
	X_8 砷排放量（千克）	逆指标
S 科技管理	X_9 工业废水治理设施日均处理能力（万吨/日）	正指标
	X_{10} 工业废水治理资金投入率（%）	正指标
	X_{11} 万吨工业污染废水治理完成投资（万元/万吨）	逆指标
	X_{12} 治理工业废水污染投资占 GDP 比重（%）	正指标
	X_{13} 水资源无害化处理能力（吨/日）	正指标
	X_{14} 人均水库拥有容量（亿立方米/万人）	正指标

续表

准则层	指标层	指标性质
R 使用消费	X_{15}万元GDP用水量（立方米/万元）	逆指标
	X_{16}万元工业增加值用水量（立方米/万元）	逆指标
	X_{17}人均用水量（立方米/人）	逆指标
	X_{18}农业用水总量占比（%）	正指标
	X_{19}工业用水总量占比（%）	逆指标
	X_{20}生活用水总量占比（%）	逆指标
	X_{21}生态用水总量占比（%）	正指标

表2　土地资源环境承载力评价指标

准则层	指标层	指标性质
W 污染破坏 承载	X_1每千公顷耕地面积施用化肥量（万吨/千公顷）	逆指标
	X_2每平方公里存放工业固体废物产生量（吨/平方公里）	逆指标
	X_3每万人城市人口产生垃圾数（吨/万人）	逆指标
	X_4采矿许可证颁发有效登记面积占区域面积比重（%）	逆指标
	X_5沉降区面积占区域面积比重（%）	逆指标
S 科技管理	X_6环境污染治理投资占GDP比重（%）	正指标
	X_7一般固体废物综合利用比重（%）	正指标
	X_8本年投入矿山环境治理资金占GDP比重（%）	正指标
	X_9林业本年完成投资占GDP比重（%）	正指标
	X_{10}本年新增水土流失治理面积占区域面积比重（%）	正指标
	X_{11}土地整治项目规模占区域面积比重（%）	正指标
	X_{12}森林覆盖率（%）	正指标
	X_{13}自然保护区面积占区域面积比重（%）	正指标

续表

准则层	指标层	指标性质
R 使用消费	X_{14}生活垃圾无害化处理率（%）	正指标
	X_{15}人均公园绿地面积（平方米/人）	正指标
	X_{16}建成区绿化覆盖率（%）	正指标
	X_{17}建成区绿地率（%）	正指标
	X_{18}农用地占区域面积比重（%）	逆指标
	X_{19}建设用地占区域面积比重（%）	逆指标

表3　大气环境承载力评价指标

准则层	指标层	指标性质
W 污染破坏承载	X_1二氧化硫排放量（万吨）	逆指标
	X_2氮氧化物排放量（万吨）	逆指标
	X_3烟（粉）尘排放量（万吨）	逆指标
	X_4火力发电比例（%）	逆指标
	X_5火力发电用煤量比重（%）	逆指标
	X_6供热用煤量比重（%）	逆指标
	X_7火力发电用油量比重（%）	逆指标
	X_8供热用油量比重（%）	逆指标
S 科技管理	X_9工业废气治理设施处理废气能力（亿立方米/套）	正指标
	X_{10}工业废气治理设施本年运行费用占 GDP 比重（%）	正指标
	X_{11}工业污染治理废气投资完成额占 GDP 比重（%）	正指标
	X_{12}湿地总面积占区域面积比重（%）	正指标
R 使用消费	X_{13}每万人拥有公交车辆（标台）	正指标
	X_{14}农村每人沼气拥有量（立方米/人）	正指标
	X_{15}城市天然气使用人口占城市总人口比例（%）	正指标

续表

准则层	指标层	指标性质
R 使用消费	X_{16}农林牧渔业最终消费情况（煤）占终端消费量（煤）比重（%）	逆指标
	X_{17}工业最终消费情况（煤）占终端消费量（煤）比重（%）	逆指标
	X_{18}建筑业最终消费情况（煤）占终端消费量（煤）比重（%）	逆指标
	X_{19}交通运输仓储和邮政业最终消费情况（煤）占终端消费量（煤）比重（%）	逆指标
	X_{20}批发、零售业和住宿、餐饮业最终消费情况（煤）占终端消费量（煤）比重（%）	逆指标
	X_{21}生活消费最终消费情况（煤）占终端消费量（煤）比重（%）	逆指标
	X_{22}农林牧渔业最终消费情况（石油）占终端消费量（石油）比重（%）	逆指标
	X_{23}工业最终消费情况（石油）占终端消费量（石油）比重（%）	逆指标
	X_{24}建筑业最终消费情况（石油）占终端消费量（石油）比重（%）	逆指标
	X_{25}交通运输仓储和邮政业最终消费情况（石油）占终端消费量（石油）比重（%）	逆指标
	X_{26}批发零售业和住宿餐饮业最终消费情况（石油）占终端消费量（石油）比重（%）	逆指标
	X_{27}生活消费最终消费情况（石油）占终端消费量（石油）比重（%）	逆指标